QUESTIONS DE SCIENCE
COLLECTION DIRIGÉE PAR
DOMINIQUE LECOURT

La Civilisation du gène, François Gros.

La Construction du cerveau, Alain Prochiantz.

La Prévision des séismes, Haroun Tazieff.

La Révolution des quanta, Victor Weisskopf.

L'EXPANSION DE L'UNIVERS

EVRY
SCHATZMAN

L'EXPANSION DE L'UNIVERS

HACHETTE

INTRODUCTION

En quelques années, au début de ce siècle, l'image de l'univers s'est trouvée complètement bouleversée. Une révolution intellectuelle s'est produite, de portée comparable à celle qu'ont illustrée à la fin du XVIe et au début du XVIIe siècle les noms de Copernic, de Kepler et de Galilée.

Elle est assurément liée au perfectionnement des moyens d'observation, de détection et de calcul : les grands télescopes, la radioastronomie, l'exploration spatiale, les puissants ordinateurs en sont les témoins les plus spectaculaires et les mieux connus. Un tel rôle des instruments dans le progrès des connaissances n'est pas sans rappeler, mais à une tout autre échelle, celui qu'a pu jouer la lunette de Galilée dans le triomphe de la conception copernicienne de l'univers. En mettant au point le fameux *perspicillum*, minutieusement décrit dans son *Sidereus Nuncius (Le Messager céleste)*, en 1610, Galilée avait en effet permis de découvrir des montagnes sur la Lune, des « planètes » inconnues dans le ciel, un nombre immense d'étoiles fixes, bref « des choses que jamais aucun œil humain n'avait vues, ni aucun esprit humain jamais conçues ». Copernic avait raison de le supposer : les astres sont bel et bien composés de la même substance que les choses terrestres; la Terre, loin de se tenir immobile au centre du monde, n'est qu'une planète parmi d'autres.

Sans le télescope du mont Wilson, avec ses 2,50 m de diamètre, la découverte décisive de la fuite des galaxies par l'Américain Edwin Powell

Hubble en 1927 n'aurait pas été possible; sans la mise en service de radiotélescopes, Arno A. Penzias et Robert W. Wilson n'auraient pu en 1965 détecter le « rayonnement du fond du ciel ». L'hypothèse d'une « expansion de l'univers » n'aurait pu être formulée, ni confirmée.

C'est toutefois le lien qui unit chacune de ces deux révolutions à une refonte majeure des concepts et des théories en physique qui permet de les rapprocher sans artifice. De fait, la révolution astronomique inaugurée en 1543 par le fameux ouvrage de Copernic *De revolutionibus orbium cœlestium* n'a pu porter tous ses fruits qu'au prix d'un démantèlement de la physique d'Aristote alors dominante. Sans la nouvelle conception de l'espace imposée près d'un siècle plus tard par Galilée et Descartes à l'issue de durs combats, le nouveau « système du monde » ne pouvait l'emporter.

De nos jours, c'est une véritable conjonction qui s'est opérée entre les données d'observation accumulées depuis les années 1920 et les développements des théories relativistes et quantiques qui avaient, au même moment, changé le visage de la physique. L'« astrophysique », discipline nouvelle née de cette conjonction, interprète, par le jeu des lois physiques connues, les propriétés des astres que décrivent les astronomes; elle applique ces lois à des modèles inventés pour rendre compte des systèmes observés.

Evry Schatzman, qui fut l'un des pionniers de l'astrophysique en France, montre fort bien dans les premières pages de ce petit livre les conditions dans lesquelles se sont ainsi rencontrées, alliées et maintenant nouées les recherches sur l'infiniment grand et sur l'infiniment petit. De cette histoire complexe, pleine de surprises et de rebondissements, il dégage avec précision les perspectives d'avenir. Mais il en souligne aussi les périls pour la pensée.

Car voici le paradoxe de ces recherches : parce qu'elles supposent un univers en expansion, elles semblent ressusciter les préoccupations cosmologiques de l'Antiquité.

S'il y a expansion, il doit être possible d'assigner à ce processus un commencement ; et si commencement il y eut, comment ne pas imaginer qu'il adviendra aussi une fin ? Le XVIIIe siècle pensait, suivant la leçon de Newton, avoir définitivement libéré la science de ces interrogations hantées par la théologie et la métaphysique. Témoin Emmanuel Kant, dans la *Critique de la raison pure* (1781) : n'avait-il pas démontré que les questions ultimes de la cosmologie – l'univers est-il fini dans l'espace, a-t-il une origine dans le temps ? – sont insolubles parce qu'illusoires ? Elles sont sans objet, expliquait-il, parce qu'elles proviennent du transfert illégitime de préoccupations morales et religieuses, qui ont un sens pour la pratique, dans le domaine de la connaissance où elles en sont dénuées.

Pourtant, elles sont aujourd'hui de retour, à la pointe d'une recherche positive nourrie de la physique la plus sophistiquée ! Autour de l'hypothèse du « big bang » fleurissent les spéculations cosmologiques : l'ordre, l'unité et l'origine de l'univers se présentent à nouveau comme des thèmes de controverses scientifiques. Nombreux sont les astrophysiciens, parmi les meilleurs, qui croient même devoir céder à la tentation cosmogonique et font le récit de la genèse de l'univers. La révolution astrophysique aurait-elle l'humour de se présenter comme une authentique « révolution » en un sens conforme à la signification astronomique originelle de la métaphore? Marquerait-elle un retour de la pensée à son point de départ, au temps de la Grèce ancienne?

Les questions sur lesquelles elle vient buter invitent au moins à remettre en perspective la très longue histoire dont elle représente l'aboutissement provisoire.

On a quelques raisons de penser que Pythagore fut le premier à avancer une théorie de l'univers sphérique dont la Terre occupât le centre; peut-être puisait-il son inspiration dans des pensées orientales. Toujours est-il que c'est Platon, au IVe siècle av. J.-C., qui donne, dans le *Timée*, la première synthèse cosmologique que nous connaissions. Il invite à rendre compte mathématiquement du mouvement des corps célestes dans le cadre d'une cosmologie de type pythagoricien. Eudoxe de Cnide, son contemporain et son disciple, sera le premier à tenter de réaliser ce programme. Reprenant l'idée que les mouvements des astres s'effectuent sur des sphères concentriques autour de la Terre, il réussit l'exploit mathématique de rendre compte non seulement du mouvement régulier des étoiles mais du mouvement « errant » des planètes par une combinaison subtile de sphères appropriées.

C'est de ce cosmos fini, mathématiquement ordonné, qu'hérite Aristote. Il multiplie les sphères (pas moins de 56) emboîtées les unes dans les autres, il les décrit entraînées dans leurs mouvements respectifs par celui de la sphère la plus externe du ciel, celle où sont attachées les étoiles fixes et que meut le « premier moteur immobile » de nature divine.

Claude Ptolémée, au IIe siècle ap. J.-C., par le développement extraordinaire de l'astronomie observationnelle dont il fut l'auteur, a renforcé cette conception de l'univers. L'exposé de sa « composition mathématique », que les Arabes appelleront plus tard l'*Almageste*, a dominé l'astronomie pendant quatorze siècles! On peut s'étonner qu'une conception fausse ait rencontré un succès aussi durable alors que, bien entendu, les observations du ciel se multipliaient et devenaient sans cesse plus précises.

La question se pose avec d'autant plus d'acuité que, dès l'Antiquité, une autre théorie avait été formulée et défendue, au IIIe siècle av. J.-C., par Aristarque de Samos qui tenait la Terre pour une planète comme les autres, tournant à la fois sur elle-même et autour du Soleil.

Le souvenir de la condamnation de Copernic en 1616 et de Galilée en 1632 est si vif qu'on invoque souvent l'emprise, spirituelle et temporelle, de l'Église catholique et, plus généralement, de la foi chrétienne. Mais il faut se garder de réécrire l'histoire pour l'aligner sur son dénouement; car, outre que le rejet de la conception d'Aristarque par les penseurs grecs ne peut évidemment pas être imputé à l'Église, on peut dire qu'elle n'a vraiment pris parti dans les disputes cosmologiques et jeté toutes ses forces dans la bataille en faveur du modèle ptoléméen qu'au moment où il entrait en décadence.

Si l'on suit les analyses d'historiens des sciences

comme Paul Tannery et Pierre Duhem, on s'aperçoit que la persistance de ce modèle avait d'autres motifs, beaucoup plus solides.

Dans un monde où, jusqu'à Galilée, n'existaient pas d'instruments d'observation, le schéma des sphères célestes rend très bien compte des données de la perception à l'œil nu. Quoi qu'on ait pu en dire, la conception antique et médiévale de l'univers n'était en effet nullement commandée par une vue purement spéculative; elle était fondée, au contraire, sur des observations nombreuses et répétées. Avant de s'imposer à la pensée, la figure de la sphère s'est imposée à la vue.

Que perçoit-on en effet lorsqu'on lève le regard vers le ciel sinon une « voûte » parsemée de points lumineux situés à des distances infranchissables et qui, en bloc, tournent autour de la Terre, puis, contrastant avec le mouvement régulier de ces astres « fixes », les mouvements « errants », quoique aussi périodiques, du Soleil, de la Lune et des planètes? Comment, par ailleurs, n'avoir pas l'idée d'une différence radicale de nature entre ces astres, leur lumière pure, la mathématique réglée de leurs mouvements, et les réalités terrestres opaques et changeantes?

L'extraordinaire précision mathématique du système de Ptolémée, sa capacité à rendre compte de la plupart des apparences par une géométrie très assurée fit le reste et l'imposa aux meilleurs esprits avec la force d'une évidence qui ne commencera à s'effriter qu'à la fin du Moyen Age.

Mais une autre raison contribue à expliquer cette extraordinaire longévité : le système de Ptolémée s'accordait remarquablement avec la seule physique qu'on ait connue pendant des siècles en Occident, celle d'Aristote. On sait que le philosophe grec, qui pensait le mouvement sous la catégorie générale du changement, en distinguait deux sortes : les mouvements naturels et les mouvements violents. Selon cette conception, il n'existe que trois sortes de mouvements naturels, vers le haut, vers le bas, et circulaire autour de la Terre.

Physique, métaphysique et cosmologie se donnent ici la main : les mouvements circulaires sont réputés parfaits; ils conviennent à des êtres eux-mêmes parfaits puisque d'essence divine (les astres). En revanche, dans le monde « sublunaire », monde de la génération et de la corruption, les éléments (air, eau, terre, feu) se combinent pour imprimer aux corps des mouvements vers le haut ou vers le bas. Par une disposition interne liée à leur constitution, les corps lourds tendent à rejoindre leur « lieu propre », le bas, où ils sont destinés à rester en repos, s'ils n'en sont pas dérangés par quelque mouvement violent; les corps légers trouvent leur repos en rejoignant le haut.

Tant que cette physique domina les esprits, l'opposition entre le monde céleste et le monde terrestre resta la règle. En accord avec les données de la perception, le cosmos antique, fermé, ordonné, et hiérarchisé n'est pas menacé. L'émancipation ne commence, à vrai dire, qu'à la fin du XVIe siècle, et il faudra plus d'un siècle pour qu'elle soit acquise.

Dans un ouvrage célèbre, Alexandre Koyré a décrit le chemin qui mène de Copernic à l'œuvre majeure de Newton, les *Philosophiae naturalis prin-*

cipia mathematica, comme le passage « du monde clos à l'univers infini ». C'est bien, en effet, autour de la question philosophique de l'infini que s'est jouée la révolution astronomique qui commence en 1543.

Nicolas Copernic met la Terre en mouvement, la déloge du centre de l'univers et la lance dans les cieux. Il sape les fondations de l'ordre cosmique traditionnel : l'homme ne se trouve plus au centre du monde et le cosmos n'est plus ordonné autour de lui; il perd ses repères les mieux assurés. Une telle audace de pensée, un tel courage moral aussi dans les conditions de l'époque, suffit à sa gloire. C'était faire injure à son génie que de présenter son œuvre comme un simple schéma calculatoire sans prétention à la vérité, comme n'a pas hésité à le faire son éditeur Andreas Osiander. Mais ce n'est pas lui faire offense que de rappeler quelques-unes des contraintes dont il ne put s'affranchir.

Non seulement, en effet, le monde de Copernic reste soumis à une pensée hiérarchique, ordonnée autour de deux pôles de perfection, le Soleil et la sphère des fixes, mais c'est encore un monde fini, même s'il ne l'est plus tout à fait au sens où les Anciens l'entendaient.

Les épistémologues soulignent que cet attachement à la sphère des étoiles fixes n'est pas « logique », et que son système ne l'exigeait nullement. Sans doute, mais trouvera-t-on jamais une grande pensée qui satisfasse à leur idéal de complète cohérence? Le fait est, en tout cas, que jamais Copernic n'affirme que le monde des étoiles fixes est infini ; il dit seulement qu'il est immense, c'est-à-dire, littéralement, qu'il défie toute mesure.

Celui que l'on peut tenir pour le véritable créateur de l'astronomie moderne, l'homme qui, le premier, refuse la solution d'Aristote, abandonne le cercle pour l'ellipse, s'interroge sur la cause du mouvement des planètes et formule les lois qui porteront désormais son nom, c'est Johannes Kepler. Lui aussi rejette l'idée d'un univers infini. L'*Astronomia nova* (1609) est tout à fait explicite : « Cette pensée, écrit-il, porte avec elle je ne sais quelle horreur secrète. »

Que cette répulsion fût inspirée par des motifs religieux ne fait aucun doute : Kepler, né en 1571 dans le Wurtemberg, avait eu la vocation d'être pasteur et était habité d'une foi ardente. Plus encore que Copernic, dont la lecture l'avait soulevé d'enthousiasme dans sa jeunesse, il voue au Soleil un culte de tonalité mystique. Il croit retrouver dans l'ordre du monde la présence de la Trinité : le Soleil correspond au Père, la sphère des fixes au Fils, et l'entre-deux rempli de l'aura céleste, à l'Esprit-Saint !

Mais l'idée d'un univers infini lui paraît aussi réfutée par l'observation même. Le mode de répartition des étoiles fixes dans l'espace varie en effet d'une région à l'autre. Or, argumente Kepler, si l'univers physique était infini et uniforme, cette répartition aurait dû, elle aussi, être uniforme. Les découvertes de Galilée, qu'il accueillit avec joie, ne le conduisirent pas à modifier sa position : il continua de soutenir que notre monde mouvant et héliocentrique est un monde singulier qu'il oppose au royaume des étoiles fixes.

A vrai dire, la résistance à l'image d'un univers infini est si forte que Galilée lui-même refuse de prendre parti sur cette question, bien qu'il rejette, pour sa part, l'idée d'un centre de l'univers, qu'il soit occupé par la Terre ou le Soleil. Dans les célèbres *Dialogues sur les deux plus grands systèmes du monde* (1632), il fait dire à Salviati, son interprète : « Ni vous, ni personne d'autre n'a jamais prouvé que le monde soit fini et doué d'une forme, ou au contraire, infini et interminé. »

La thèse de l'infinité du monde avait cependant fait son chemin, comme le montre la vigueur même du rejet dont elle fut l'objet; elle allait bientôt triompher. Déjà Nicolas de Cues, le dernier grand philosophe du Moyen Age, qu'on présente souvent à tort comme un précurseur de Copernic parce qu'il affirme, mais sans preuve, le mouvement de la Terre, considérait l'univers, sinon comme positivement infini (*infinitum*), du moins comme « interminé » (*interminatum*). Mais les conceptions de cet homme, qui fut légat du pape et cardinal, restèrent complètement ignorées pendant plus de cent ans.

Un grand éclat s'attache, en revanche, tout de suite au nom de Giordano Bruno qui, né en 1566, eut l'extraordinaire audace de briser les sphères célestes et d'affirmer positivement et, pourrait-on dire, joyeusement l'infinité de l'univers. Arrêté par l'Inquisition à Venise, il paya cette audace de sept ans d'emprisonnement à Rome et fut brûlé sur la place publique le 17 février 1600.

Bruno retrouvait l'inspiration des atomistes

grecs, de Démocrite, d'Épicure et de Lucrèce. Il utilise leurs arguments les plus parlants pour critiquer Aristote : « Qu'arrive-t-il si quelqu'un passe sa main à travers la surface des cieux ? » Mais il pensait souvent faire de l'infinité de l'univers un hymne à la gloire de Dieu. « L'excellence de Dieu se trouve magnifiée et se manifeste la grandeur de son empire. Il ne se glorifie pas dans un seul, mais dans d'innombrables soleils. »

Giordano Bruno n'était ni astronome ni physicien. Faut-il faire de lui un penseur moderne, en avance sur son temps ? On peut en douter lorsqu'on lit son argumentation qui repose sur une conception du monde magique et vitaliste : ses planètes sont des êtres vivants qui se meuvent selon la libre impulsion de leurs désirs ! Quoi qu'il en soit, la question qu'il avait réouverte avec le grand style de la plus pure passion continua de retentir dans la première moitié du XVIIe siècle. Le sort qui lui fut réservé ne fut certainement pas étranger à la prudence de ceux qui en vinrent par la suite à soutenir la même thèse sur d'autres bases.

Ce fut le cas de Descartes qui, pour des raisons qui tiennent à sa conception mathématisée de l'espace, doit le premier poser, en toute rigueur, l'infinité du monde. Jouant sur les mots, il réserve ainsi le terme d'infini à Dieu et, lorsqu'il parle du monde, dit qu'il est seulement « indéfini ». Simple précaution inspirée par la crainte de partager le sort de l'« infortuné Bruno » ou celui de Galilée ? Conviction sincère ? Peu importe. Avec Descartes, l'ancienne opposition entre le monde immobile des cieux et le monde mouvant des êtres se trouve définitivement abolie. Descartes construit une nouvelle conception cosmologique sur la base de la physique nouvelle. On peut, comme Voltaire le fit avec talent dans ses *Lettres philosophiques*, se gausser des « tourbillons » dont elle accouche – parce que Descartes identifie la matière à l'étendue – comme d'ailleurs de l'ensemble de la physique cartésienne qui n'est guère, selon le mot de Gaston Bachelard, qu'un « roman de physique ». Il n'empêche qu'elle marque une date dans l'histoire de la pensée.

Pour que la thèse de l'infinité de l'univers fût solidement établie, il fallait une théorie physique qui, mieux que celle de Descartes, pût fonder sa grande idée, celle de l'identification, ou de l'homogénéisation des phénomènes célestes et terrestres. Ce fut, nul ne l'ignore, l'œuvre de Newton qui, combinant une philosophie corpusculaire de la matière et une conception géométrique euclidienne de l'espace, forge l'image de l'univers qui a dominé les esprits pendant deux cents ans. Destruction du cosmos et géométrisation de l'espace vont de pair : à l'espace concret et différencié des « lieux » de la physique d'Aristote se substitue désormais l'espace-dimension, homogène et abstrait, de la géométrie euclidienne, qu'on considère comme réel, sans pour autant que la matière lui soit réductible. Or, nous ne pouvons assigner de limite à l'espace euclidien. Le cosmos ne sera donc plus regardé comme un tout fini, hiérarchiquement ordonné, mais comme un univers ouvert, unifié par l'identité de ses lois et de ses éléments fondamentaux.

L'identité de la physique terrestre et de la physique céleste est ainsi établie : la loi fondamentale de l'attraction lie les corps les plus petits et les plus grands – atomes et étoiles – de l'univers infini. C'est le même ensemble de lois qui régit tous les mouvements dans le sein de celui-ci : celui d'une pomme qui tombe sur le sol et celui des planètes qui tournent autour du Soleil. Astronomie et physique sont reliées dans une même soumission à la géométrie (euclidienne).

Mais – faut-il le rappeler ? – Newton ignorait la nature de la force d'attraction, et se refusait à « forger des hypothèses » à ce sujet. Posée comme réelle, parce qu'appelée par la construction mathématique de son système, elle apparaît sous sa plume comme une force « immatérielle » dont il ne peut rien dire.

Jacques Merleau-Ponty a bien souligné ce paradoxe apparent : dans ces conditions il n'y a pas de cosmologie newtonienne proprement dite. Et l'on peut parler d'un « déclin » de l'idée d'univers, du jour où il est pensé comme infini : il perd l'unité d'un objet de pensée. Emmanuel Kant, qui avait, dans sa *Théorie du ciel* (1755), apporté sa contribution à la compréhension de la formation du système solaire, tire seulement, trente ans plus tard, les conclusions de ce retrait de l'univers du champ d'investigation de la science. Et lorsque Pierre-Simon Laplace parle d'un « système du monde » (1796), c'est du système solaire qu'il établit la théorie, tout en sachant fort bien que ce système n'est qu'une infime partie de l'univers.

Il n'en reste pas moins qu'un ensemble d'énoncés d'inspiration newtonienne demeurait après lui, constituant bel et bien une manière de quasi-cosmologie implicite. Ordonnée autour de la conception de l'espace et du temps absolus, celle-ci prit corps de façon explicite à la faveur d'une formidable méprise ; on en vint à oublier la réserve de Newton sur la nature des forces d'attraction et à les interpréter comme des forces physiques, des propriétés matérielles. La quasi-cosmologie habita ainsi le cœur d'une philosophie de la nature qui a régné sans partage jusqu'au début de ce siècle : le « mécanisme ».

Il fallut l'apparition des géométries non euclidiennes, la critique virulente du mécanisme menée par Ernst Mach et le génie d'Albert Einstein pour que soient redécouvertes les redoutables questions que Newton avait laissées délibérément en suspens et que ses partisans avaient cru réglées. Comment admettre que l'espace et le temps fussent des cadres vides sans rapport aucun avec le « contenu » des événements qui s'y déroulent? Comment, sans l'aide de Dieu, expliquer l'action immédiate à distance?

Avec Einstein commence une autre histoire. Et la notion d'univers renaît véritablement en 1915 avec la théorie de la relativité générale. Au moment où l'observation le révèle immensément plus vaste que jamais homme ne l'avait conçu, l'idée s'impose à nouveau que l'univers doit être fini! Tant d'efforts pour accéder à l'image d'un univers infini n'auraient-ils été qu'un long égarement? Y aurait-il lieu de faire retour à une certaine idée de « cosmos » et aux idées d'ordre et de perfection qui lui sont attachées? Evry Schatzman le souligne avec force pour finir : cette question de science en soulève une philosophique redoutable. L'univers en expansion nous invite à une pensée nouvelle, par-delà l'opposition classique du fini et de l'infini. Le lecteur aura en main tous les éléments pour s'y risquer.

Dominique LECOURT

I

L'UNIVERS EN EXPANSION

PARADOXE DE L'EXPANSION

Sans doute parce qu'elle frappe l'imagination, l'expression « expansion de l'univers » a pris rapidement sa place dans le patrimoine culturel de l'humanité. A juste titre, pourrait-on dire, car elle renvoie bien à l'une des notions clés de l'astrophysique contemporaine. Il y a vingt ans encore, elle suscitait des réserves de la part de nombreux spécialistes, parmi les meilleurs. Aujourd'hui, elle est presque universellement acceptée : on parle même à son propos de « modèle-standard ».

Mais il se peut que sa fortune hors des milieux scientifiques repose en définitive sur une profonde équivoque ; l' « expansion » telle que la conçoivent les astrophysiciens défie à bien des égards le sens commun. A vrai dire, le terme même d' « expansion » induit en erreur, et si l'usage ne l'avait pas consacré depuis une soixantaine d'années, il faudrait le remplacer par un mot plus adéquat.

Le sens commun suit ici l'étymologie : qui dit « expansion » dit en effet « sortie de soi » dans quelque milieu extérieur. L'image vient aussitôt à l'esprit du ballon, par exemple, que l'on gonflerait et qui se dilaterait dans la pièce où nous nous trouvons. Mais comment parler d'un « extérieur », où l'expansion se logerait, lorsqu'il s'agit de l'univers? De toute évidence, l'expansion de celui-ci ne peut s'effectuer que dans ses propres limites.

Voilà des millénaires, sans doute, que la pensée est saisie de vertige lorsqu'elle envisage l'infini dans l'unité d'un concept; mais la théorie scientifique de l'expansion de l'univers donne à ce trouble une acuité sans précédent, car elle est fondée non sur de simples spéculations mais sur une impressionnante accumulation de données d'observation; ces dernières sont coordonnées par des schémas théoriques désormais solidement établis sur les bases mêmes de la physique contemporaine.

C'est seulement lorsque l'on connaît ces données et que l'on comprend ces schémas qu'il est possible de se faire une idée juste de l' « expansion » quand elle est appliquée à l'univers. Mais c'est une longue histoire qu'il faut alors évoquer; histoire passionnante qui fait corps avec celle des progrès prodigieux de l'astrophysique dont le visage a été, pendant les vingt ou trente dernières années, complètement renouvelé.

DES GALAXIES

Le coup d'envoi est donné, au XVIIIe siècle, par la découverte, due au grand astronome anglais William Herschel, d'objets astronomiques qui avaient un aspect nébulaire, mais dont on ne connaissait pas la nature avec certitude. On ne savait pas non plus quelle était la distance de ces « nébuleuses » à la Terre. Il fallut attendre le début du XXe siècle pour que ces « univers-îles », pour parler comme Herschel, fussent correctement situés.

Au début de ce siècle, on découvrit dans certaines de ces nébuleuses, grâce aux nouveaux moyens d'observation, des objets brillants qu'on dut identifier à des étoiles qui explosent. Ce phénomène n'était, quant à lui, pas inconnu; il correspondait à des descriptions très anciennes déjà données par le Danois Tycho Brahé (1546-1601) et par l'Allemand Johannes Kepler (1571-1630) : celles des premières « supernovae ». Ce qui était nouveau, c'est qu'on observait de telles explosions dans les nébuleuses. Or, connaissant la puissance de son explosion, on savait en déduire la distance d'une étoile. On la calcula donc. Et c'est ici que se produisit la révélation, le bouleversement complet des idées antérieures : le calcul des distances imposait l'idée que ces objets astronomiques ne se trouvent pas situés dans notre galaxie! Il ne s'agit donc pas, comme le croyait encore Sir James Jeans (1877-1946) lorsqu'il écrivait son livre de cosmogonie, de masses de gaz situées dans notre galaxie, qui auraient constitué des sortes de proto-systèmes planétaires; ce sont des réunions d'étoiles extragalactiques.

On employa d'abord l'expression de « nébuleuses extragalactiques » pour désigner ces réunions d'étoiles : à l'observation, on remarquait avant tout le flou de leur composition. Aujourd'hui, ce qui frappe davantage, c'est leur similarité avec notre propre « Voie lactée ». Et l'on sait que la Voie lactée est un grand système d'étoiles; on sait encore que ces nébuleuses extragalactiques sont, elles aussi, de grands systèmes d'étoiles très éloignées. On les désigne donc toutes par le terme générique, universellement admis, de « galaxies », la Voie lactée étant aussi appelée la Galaxie. Les galaxies apparaissent donc comme de vastes systèmes comportant des milliards, voire des centaines de milliards d'étoiles.

Pour fixer les idées et donner des ordres de grandeur, je rappelle que, parmi les galaxies proches, les deux nuages de Magellan sont situés à environ 150 000 années-lumière, et la galaxie d'Andromède à 2 millions d'années-lumière. Toutes deux sont visibles à l'œil nu, même si l'année-lumière, représentant la distance parcourue par la lumière en une année à une vitesse de 300 000 km/s, équivaut à peu près à 10 000 milliards de kilomètres, ou 63 520 fois la distance de la Terre au Soleil. L'observation du ciel révèle la présence d'innombrables galaxies : 2 000 milliards environ sont aujourd'hui visibles et le télescope spatial devrait, selon toute probabilité, multiplier ce nombre par 500.

Les galaxies, pièces constitutives de l'univers, sont caractérisées par leur masse et leur luminosité, mais aussi par d'autres propriétés physiques, comme, par exemple, leur mouvement de rotation. Et l'on sait aujourd'hui que, suivant leur vitesse de rotation, elles présentent des configurations différentes. Leur forme est soit sphéroïdale, peu aplatie – on la dit alors elliptique –, soit au contraire très aplatie. Parmi celles qui sont aplaties, certaines présentent une morphologie particulière caractérisée par des bras spiraux – ce sont les galaxies spirales.

On a longtemps cru que les différences de morphologie entre galaxies étaient dues à des propriétés dynamiques, les elliptiques et les sphéroïdales tournant plus lentement que les spirales. Cependant, une autre propriété restait inexpliquée : les premières sont pauvres en matière interstellaire, contrairement aux spirales.

On dispose aujourd'hui d'un autre type d'explication, plus surprenant, mais plus satisfaisant. Les galaxies, on le sait, ne pavent pas l'univers de façon régulière ; elles sont, à leur tour, rassemblées par milliers en de vastes systèmes. Or, l'analyse des mouvements des galaxies au sein de ces derniers a mis en évidence un phénomène extraordinaire par son ampleur et, pourrait-on dire, son gigantisme : la collision entre les galaxies. Les elliptiques et les sphéroïdales sont le produit de telles collisions au cours desquelles les étoiles se redistribuent dans la galaxie résultant de cette étrange sorte de phagocytage cependant que la matière interstellaire se trouve expulsée. D'autres événements du même type ont été observés qui confortent cette interprétation.

Bien évidemment, l'idée même d'une histoire des amas de galaxies implique la notion d'âge des systèmes et permet de jalonner l'histoire de l'univers.

LA FUITE DES GALAXIES

Jusqu'au début des années 1920, on s'employa à identifier ces objets et à en établir la nomenclature. Il fallait déterminer le nombre des étoiles qui les composaient, et leurs distances. On en était à effectuer ces inventaires et à affiner les méthodes d'investigation, lorsque se produisit une nouvelle révolution dans la pensée, tout aussi décisive que la précédente. Une nouvelle fois, elle vint de l'observation. En 1927, l'astronome américain Edwin Powell Hubble découvre en effet que plus une galaxie est éloignée, plus sa vitesse par rapport à nous est grande; il précise, de surcroît, qu'il y a une relation de proportionnalité entre la vitesse et la distance.

On a fait bien souvent le récit de cette découverte. Elle repose sur l'utilisation en astronomie d'une propriété, commune à tous les mouvements ondulatoires, établie en 1842 pour les ondes sonores par le mathématicien autrichien J. Christian Doppler, professeur à Prague : cette propriété est connue depuis sous le nom d' « effet Doppler » ou encore « Doppler-Fizeau ». Cet effet est, au demeurant, aisément observable : le bruit du moteur d'un véhicule quelconque (automobile ou moto, par exemple) semble plus aigu lorsque le véhicule se rapproche, plus grave lorsqu'il s'éloigne. En termes techniques, l'onde émise par une source sonore qui se rapproche nous paraît d'une fréquence plus grande que si elle était immobile; inversement, lorsque la source s'éloigne de nous, la fréquence nous paraît plus faible. Cela se comprend aisément : dans le premier cas, l'intervalle de temps qui sépare la réception de deux crêtes consécutives de l'onde est diminué, puisque la deuxième crête doit parcourir une distance plus courte que la première; dans le second, c'est le contraire qui se produit.

On me permettra, pour être parfaitement clair, de reprendre ici une image que j'ai déjà employée à ce propos dans *Les Enfants d'Uranie* (Éd. du Seuil, 1986). Je suis au bord d'une rivière et je jette à intervalles réguliers, par exemple toutes les secondes, une feuille morte qui va dériver au fil de l'eau. Si le courant est de un mètre par seconde, je crée donc une file de feuilles mortes, séparées les unes des autres par une distance de un mètre.

A 100 mètres de là, un observateur immobile verra les feuilles arriver et défiler à raison d'une feuille par seconde. Si l'on suppose maintenant que cet observateur remonte la rivière pour venir à ma rencontre, il verra les feuilles passer plus fréquemment qu'avant. S'il marche à la vitesse de un mètre par seconde, sa vitesse et celle du courant s'ajoutent et les feuilles, toujours séparées d'un mètre évidemment, lui paraissent défiler à raison d'une feuille toutes les demi-secondes : la fréquence apparente augmente à la rencontre du courant.

Si l'observateur fait maintenant demi-tour et s'éloigne de moi, par exemple à une vitesse de 0,5 mètre par seconde, cette fois-ci les feuilles défileront plus lentement, à raison d'une feuille toutes les deux secondes, la vitesse de l'observateur se soustrayant à celle du courant. Si l'observateur hâte le pas et descend la rivière à la vitesse du courant, un mètre par seconde, il se trouvera toujours à la hauteur de la même feuille. Il ne verra plus défiler les feuilles. L'intervalle de temps entre le passage de deux feuilles est devenu infini. De même, on ne peut pas causer avec un interlocuteur qui s'éloigne de vous à une vitesse supérieure à la vitesse du son.

Ce qui vaut pour les ondes sonores vaut pour les ondes lumineuses, avec cette restriction qu'on ne peut pas dépasser la vitesse de la lumière.

Hubble, observant le spectre des galaxies,

constata que ces galaxies étaient « décalées » vers le rouge : elles paraissaient plus rouges qu'elles ne le sont. On sait que la lumière rouge a une longueur d'onde plus grande que la longueur d'onde moyenne de la lumière visible. Il fallait donc en conclure que les galaxies s'éloignaient de nous. Ensuite, Hubble put déterminer que la vitesse de cet éloignement était proportionnelle à la distance qui nous sépare de cette galaxie; et il calcula un coefficient de proportionnalité, appelé « constante de Hubble ».

Dans une représentation géométrique simple, c'est-à-dire dans un univers euclidien, cela revient à dire que toutes les distances mutuelles se dilatent de la même façon au cours du temps. Voilà, du moins, un phénomène qu'on peut aisément se représenter : si l'on prend une baudruche et que l'on dessine dessus un quadrillage, lorsque l'on gonfle cette baudruche, on voit tous les carrés se dilater. Et il est évident que la distance entre deux points augmente d'autant plus que ces deux points sont, au départ, plus éloignés l'un de l'autre.

Avec cette découverte fondamentale de Hubble, avec cette « fuite » des galaxies, l'idée d' « expansion » de l'univers commençait à s'imposer, même si l'universalité du processus n'apparaissait pas encore et si, faute de moyens d'observation suffisants, on pouvait simplement penser que nous étions entourés d'un monde de galaxies en train de s'éloigner de nous. Ce n'est que lorsque Sir Arthur Stanley Eddington (1882-1944) relia cette découverte expérimentale avec les modèles d'univers qui existaient depuis le début des années 1920 qu'on dut reconnaître dans l'expansion un phénomène universel. Nous verrons dans quelles conditions.

EXPANSION ET THÉORIE DE LA RELATIVITÉ

Quand on évoque l'idée d'expansion de l'univers, on l'associe souvent à la théorie de la relativité générale, c'est-à-dire à la théorie relativiste de la gravitation formulée par Albert Einstein en 1915. Mais, comme on vient de le voir, le processus d'expansion a été découvert tout à fait indépendamment de la théorie de la relativité ; et ce n'est pas parce que la conception einsteinienne a joué par la suite un rôle très important dans la poursuite des recherches et dans l'interprétation des résultats en ce domaine qu'il faut lui attribuer une place que historiquement, elle n'a pas tenue. H. Seeliger et C. Neumann, indépendamment l'un de l'autre, avaient, dès 1895-1896, sur des bases strictement newtoniennes, fait apparaître, de façon purement théorique, la nécessité « logique » d'une thèse d'expansion. L'un et l'autre avaient étudié ce qui se passe dans un milieu indéfini, homogène, uniforme et autogravitant, c'est-à-dire dont les différentes parties s'attirent les unes les autres suivant la loi de gravitation universelle. Ils avaient traité le problème de la façon la plus classique, en se référant à la mécanique de Newton et à celle de Galilée. Or, quand on considère ce cadre très simplifié, presque abstrait à force de l'être, on constate que ce milieu uniforme s'étendant jusqu'à l'infini ne peut être qu'en état d'effondrement ou de dilatation; il n'y a pas de tierce solution. H. Seeliger et C. Neumann montraient que cette propriété est due à ce que n'importe quelle particule de cet univers se trouve attirée par n'importe quelle autre particule suivant la loi de Newton. Il résulte de leurs travaux qu'il n'y a pas de force capable de s'opposer au pouvoir qu'exercent les différentes couches de particules les unes sur les autres ; elles pèsent les unes sur les autres, et comme elles s'attirent, elles ont tendance à exercer des forces convergeant en chaque point.

Je le répète : contrairement à ce qui a été souvent dit et écrit et à ce qu'on affirme encore aujourd'hui dans les livres de vulgarisation, le phénomène d'expansion d'un univers homogène, uniforme, isotrope, n'est pas du tout une conséquence de la relativité générale ; il est une conséquence de la loi de gravitation et se trouve déjà dans les modèles d'univers newtoniens.

Peut-on dire, pour autant, que la théorie de la relativité générale n'a joué aucun rôle dans ces recherches ? Non, bien entendu. Mais il faut préciser celui-ci, et comprendre dans quelles conditions cette théorie a été appliquée à certains modèles d'univers au début des années 1920. Car cela n'alla pas sans tâtonnements de la part d'Einstein lui-même.

L'idée avancée par Einstein était, si l'on ose dire, très simple et, dans le fond, très fortement inspirée par les théories de l'Autrichien Ernst Mach (1838-1916) sur la mécanique. Elle consistait à poser que les lois établies en ce domaine ne sont pas indépendantes de la matière sur laquelle elles s'exercent ; qu'elles sont un produit de cette matière elle-même.

Or, si c'était le cas, une constante telle que la gravitation universelle devait être soumise à une espèce de causalité provenant de l'ensemble des masses de matière existant dans l'univers ; Einstein déplorait de ne pas avoir atteint ce but avec la théorie de la relativité générale.

Mais afin de conférer à son système une manière de cohérence complète et pour éviter d'avoir à introduire des conditions initiales ou des conditions limites, Einstein avait cru indispensable d'ajouter à ses équations un terme de « répulsion gravitationnelle » ou « constante cosmologique » : il obtenait ainsi un système indéfini stationnaire où les effets de répulsion et d'attraction se compensaient parfaitement. Tel se présente son modèle de 1917.

Le premier à attirer l'attention sur les difficultés qui s'attachent à la « constante cosmologique » du modèle stationnaire d'Einstein est l'abbé belge, Georges Henri Lemaître. Il montra que ce modèle n'était pas aussi stable que le souhaitait son auteur, et qu'il suffisait d'une petite chiquenaude pour que l'univers stationnaire en question se mît à se contracter ou à se dilater. Lemaître avait ainsi bâti une cosmologie reposant sur l'idée d'un « atome primitif » – un univers de rayon très petit à une date très reculée. Après une longue période proche de l'état einsteinien, où répulsion et attraction se compensent presque exactement, l'univers aurait connu une phase d'expansion qui serait celle que nous connaissons. L'idée d'expansion s'établissait sur les bases mêmes d'un système visant à l'exclure !

Il faut ajouter que le géophysicien russe Alexandre Friedmann (1888-1925) avait montré à la même époque que les équations d'Einstein pouvaient recevoir toute une classe de solutions qui ne sont pas statiques, sous l'hypothèse d'une distribution uniforme de la matière dans l'univers. L'unité de longueur s'y contracte ou s'y dilate selon une certaine fonction R d'une variable *t*.

C'est ici qu'intervient Eddington et que la théorie de la relativité générale fait véritablement son entrée dans le domaine de recherche qui nous occupe. Eddington établit un rapprochement entre les travaux des théoriciens de la gravitation (Lemaître et Friedmann) et les résultats d'observation obtenus par Hubble. Dès lors, la « constante cosmologique » d'Einstein apparaît comme un artifice inutile et trompeur. Son auteur le reconnaîtra volontiers.

Sur la base de ce rapprochement, et de cette rectification, toute une stratégie de recherche fut alors élaborée et menée à bien. Elle consistait d'abord à tenter d'observer et d'étudier des galaxies de plus en plus éloignées. C'est dans cette perspective que fut construit, au début des années 1920, le télescope de 2,50 m au mont Wilson qui permit à Hubble de prouver l'expansion de l'univers. La même stratégie et les mêmes préoccupations expliquent la construction d'un téléscope de 5 m qui fut achevé et mis en service pendant les années 1950.

Bien entendu, il ne s'agissait pas seulement d'observer des galaxies éloignées; il fallait aussi déterminer leur distance. A cette fin, un système de mesure des distances des galaxies fut constitué de toutes pièces. L'établissement d'un tel système est simple dans son principe; sa réalisation présente néanmoins quelques sérieuses difficultés. Pour ce qui est du premier, il s'agit d'abord de choisir un objet étalon. Voilà qui est relativement aisé. Mais au fur et à mesure que l'on a affaire à des distances de plus en plus grandes, le système de mesure change ; il faut donc le raccorder au suivant pour arriver, par enchaînements successifs, aux objets les plus éloignés.

Une surprise de taille attendait les astrophysiciens lorsqu'ils durent effectuer ces opérations de raccordement. Une fois constatée l'universalité du décalage vers le rouge des galaxies, la mesure des distances qu'on pouvait déterminer à partir de ce décalage faisait en effet apparaître un violent paradoxe.

Du temps de Hubble, dans les années 1920, les changements de longueur d'onde constatés étaient minimes, ils atteignaient, au plus, quelques pour cent. Or, juste avant la Seconde Guerre mondiale, on en était déjà à observer des décalages spectraux de 10 %. Aujourd'hui, on observe des objets pour lesquels le décalage est d'un facteur 3 ou 4 ! Voici le paradoxe : la vitesse de l'objet, on l'a vu, est proportionnelle au changement de la longueur d'onde. Si l'on appliquait la règle de proportionnalité, on trouverait que, lorsque la longueur d'onde double, l'objet atteint la vitesse de la lumière – ce qui est absurde. Si l'on revient à l'exemple du passage des feuilles (p. 27), la fréquence est divisée par deux (la longueur d'onde est doublée) lorsque la vitesse d'éloignement de la source atteint la moitié de la vitesse de déplacement des feuilles. Dans le cas de la lumière, cela veut dire la moitié de la vitesse de la lumière. Une longueur d'onde très grande signifierait que la source de rayonnement s'éloigne à une vitesse proche de la vitesse de la lumière.

La relation exacte fait appel, cette fois-ci, à une propriété définie par la théorie de la relativité restreinte d'Einstein, celle qu'il a formulée en 1905 et qui ne concerne pas la géométrie de l'univers. On sait que cette théorie pose l'équivalence de la masse et de l'énergie (selon la célèbre équation $E = mc^2$). Mais le caractère fini de la vitesse de la lumière qu'elle établit a d'autres conséquences. En effet, lorsque la vitesse de l'objet se rapproche de celle de la lumière, la longueur d'onde tend en même temps vers l'infini. Autrement dit, la vitesse reste finie, mais la longueur d'onde augmente indéfiniment. Si « abstraite » que puisse paraître cette formule, il ne faudrait surtout pas la considérer comme une simple vue de l'esprit. C'est bel et bien une propriété que l'on peut observer aujourd'hui dans les accélérateurs de particules : on y produit des phénomènes qui reviennent, en fait, à changer l'étalon de temps lorsqu'on a affaire à un système en mouvement dans lequel la durée de vie de certaines particules est multipliée par 2, 3, 4, voire 10 à mesure que leur vitesse se rapproche de celle de la lumière. Cette pure construction d'une conception théorique extrêmement audacieuse est ainsi devenue un résultat expérimental qu'on reproduit, chaque jour, à des milliers d'exemplaires. On peut même dire que l'augmentation indéfinie de la longueur d'onde lorsque la vitesse de l'émetteur approche de celle de la lumière est une propriété tout à fait essentielle des mouvements à grande vitesse. Ainsi, lorsqu'on observe un rougissement, correspondant à une longueur d'onde qui se trouve non plus accrue de 10 % mais doublée, triplée ou quadruplée, celui-ci correspond au fait que, par rapport à l'observateur, la vitesse de la source se rapproche de celle de la lumière. La relation entre le changement de la longueur d'onde et la vitesse ne satisfait plus à la belle linéarité qu'avait imaginée Hubble il y a soixante ans.

Le phénomène se révèle en réalité beaucoup plus compliqué qu'il ne l'avait cru ; et l'on se trouve dans la situation où, pour donner une signification physique des données d'observation, il faut choisir un modèle d'univers. On dit couramment, comme les Anglo-Saxons, que l'interprétation est « modèle dépendante ». De fait, sa signification n'est pas indépendante du modèle que l'on se donne ; et il n'y a pas d'information que l'on puisse traiter sans, en même temps, se poser une question sur le système de représentation adopté. Nous reviendrons en détail sur ces difficultés.

LES QUASARS

Le balayage du ciel au moyen de radiotélescopes avait permis de mettre en évidence des sources radio de diamètre apparent très petit, inférieur au pouvoir de résolution des instruments jusque-là utilisés. C'est ainsi qu'un nouveau grand pas, imprévisible, a été effectué en 1963, lorsqu'on a découvert l'existence d'objets quasi stellaires qu'on a appelés « quasars » (par contraction de « quasi-stars ») et, en abrégé, QSO (« Quasi Stellar Objects »). Le premier QSO découvert alors par A. Sandage s'est révélé un objet de type galactique : une « galaxie » vraiment très spéciale dont la vitesse apparente avoisinait 100 000 km/s.

Il restait à identifier par optique ces sources radio.

La morphologie générale de ces objets quasi stellaires a été reconnue. On a pu mettre sur pied un système d'analyse permettant de détecter ces objets par leur apparence optique et non, comme au début, par les seules émissions radio qu'on pouvait en recevoir. Si bien que l'on dispose aujourd'hui d'une liste d'un peu plus de 3 000 quasars. Celle-ci n'est évidemment pas exhaustive, elle reste ouverte; et, tous les ans, de nouveaux objets viennent s'y ajouter en fonction du perfectionnement des modes de détection.

Parmi ces quasars, on trouve des objets tout à fait extrêmes dont le changement de longueur d'onde atteint un facteur 5. Véritable exploit d'observation : on arrive ainsi à voir des raies spectrales qui, normalement, apparaissent dans l'extrême ultraviolet! Ainsi, on a maintenant une vision qui va très loin dans le « fond » de l'univers : plus le décalage par rapport au visible est grand, plus lointains sont les objets qu'on observe.

Fort logiquement, on s'est posé la question de savoir si, en dehors des QSO, il n'y avait pas des galaxies également très éloignées qui ressembleraient aux autres galaxies, plus proches, que nous connaissons. Si l'on voit bien les « quasars », malgré la distance énorme, c'est qu'ils sont intrinsèquement très lumineux. Leur luminosité est plus élevée que celle des galaxies normales d'un facteur 10. Comment donc détecter des galaxies « ordinaires » à de telles distances ?

Une idée très originale a été proposée par Jacqueline Bergeron qui travaille à l'Institut d'astrophysique de Paris. Constatant que, dans le spectre d'un QSO, on voit des raies d'absorption et sachant qu'il y a dans les galaxies des gaz absorbants, elle a suggéré que certaines de ces raies pourraient être provoquées par les gaz d'une galaxie se trouvant sur le trajet de la lumière. On a donc cherché dans le champ d'observation voisin d'un QSO une ou plusieurs galaxies faibles. Et on a ainsi découvert des galaxies très éloignées, très faibles. Mais ce sont de véritables galaxies, à la différence des QSO. Elles se trouvent sur la ligne de visée des QSO, ce qui ne veut évidemment pas dire qu'elles soient à la même distance. Toujours est-il qu'on en connaît maintenant pour lesquelles le changement de longueur d'onde est presque d'un facteur 3, même si elles sont beaucoup plus difficiles à détecter que les QSO.

LE BRUIT DU FOND DU CIEL

L'histoire de l'astrophysique est riche en découvertes inattendues. Voici, deux ans seulement après celle des quasars, celle qui est sans doute la plus fascinante et la plus stimulante, celle qui achève de donner consistance à l'hypothèse d'une expansion de l'univers. Il s'agit de ce qu'on appelle la découverte du « rayonnement du fond du ciel ».

Le récit en a été fait bien des fois, depuis 1965. Il mérite en effet intérêt, car il fait apparaître le rôle du hasard dans l'histoire du progrès scientifique, en même temps qu'il met, une nouvelle fois, en pleine lumière la coopération forte qui s'est établie dans l'astrophysique actuelle entre observation et construction théorique.

En 1964, deux radioastronomes, Arno A. Penzias et Robert W. Wilson, utilisèrent l'antenne radio du Bell Telephone Laboratory situé sur la colline de Crawford, à Holmdel, dans le New Jersey. Cette antenne construite à d'autres fins était prometteuse pour la recherche : elle était munie d'un réflecteur de 20 pieds, de très faible bruit de fond.

Penzias et Wilson essayèrent de mesurer le bruit radio émis par notre galaxie. Il apparut vite qu'ils obtenaient un peu plus de bruit que ce qu'on pouvait attendre en théorie. Ils crurent d'abord que cet excès pouvait être dû à la structure de l'antenne. Pour contourner cette difficulté, ils commencèrent donc leurs observations à une longueur d'onde relativement courte, 7,35 cm. A leur grande surprise, ils détectèrent, au printemps 1964, la présence d'une intensité radio qui venait bel et bien du ciel. Ils découvrirent en même temps qu'après soustraction des composantes variant durant le temps, les saisons, la journée et avec le passage de la galaxie dans le ciel, subsistait un bruit constant qui ne venait ni de l'atmosphère terrestre, ni du soleil, ni de la galaxie. On l'appela alors « bruit du fond du ciel ».

L'excitation dans les milieux scientifiques fut à son comble lorsque parut, quelque temps après, l'article relatant cette découverte. Très rapidement, on se mit à multiplier les observations de ce rayonnement dans différentes longueurs d'onde. On put établir qu'il est de nature thermique, provenant de toutes les directions également (isotrope), semblable à celui que l'on trouverait à l'intérieur d'une enceinte, un « corps noir », dont les parois seraient à la température de 2° 72 absolus (environ – 270° C).

Pour comprendre l'importance de cette dernière découverte, il faut revenir à la signification historique et scientifique du « corps noir ». Il convient de se reporter aux toutes dernières années du XIXe siècle, lorsque les physiciens cherchaient à déterminer comment se présente l'équilibre du rayonnement dans une enceinte à température prescrite. La question concrètement posée s'énonçait en ces termes : si l'on prend une boîte fermée dont les parois sont à température uniforme, quel est l'état du rayonnement à l'intérieur ? On sait très bien que lorsqu'on chauffe un corps, on perçoit un rayonnement ; devant un four, on voit d'abord l'infrarouge qui chauffe le visage ; après quoi, dans la gueule du four, le rougeoiement est perceptible ; et lorsque le four est très chaud, il devient blanc.

L'on connaissait l'existence d'un rayonnement en provenance d'une enceinte fermée ; il s'agissait d'en rendre compte. Situation évidemment délicate, et même quelque peu paradoxale, puisque, pour observer le rayonnement à l'intérieur du « corps noir », il faut percer l'enceinte, qui ne se trouve plus fermée. La situation n'est cependant pas désespérée : si l'ouverture pratiquée est extrêmement petite comparée aux dimensions de l'enceinte, la perturbation du rayonnement est alors infinitésimale, et la mesure peut valablement être effectuée et avoir un sens.

La théorie du corps noir telle qu'on pouvait l'élaborer à la fin du siècle dernier, sur les bases de la physique classique, menait à une absurdité : les équations donnaient un rayonnement d'intensité infinie! Ce que l'expérience contredisait évidemment.

Il a fallu que Max Planck (1858-1947) introduise un nouveau paramètre (désigné depuis comme « constante de Planck ») pour lever la difficulté. Le seul moyen, montrait Planck, de réduire l'absurdité théorique à laquelle conduit la théorie classique du corps noir consiste à supposer que le rayonnement s'effectue par quantités discrètes, qu'il a appelées des « quanta ». Planck résolvait ainsi la contradiction entre théorie et expérience, lorsqu'il s'agissait d'exprimer les propriétés du corps noir.

Il faut ajouter qu'en 1900, lorsque Planck avançait l'idée de « quanta », il conservait la théorie du rayonnement telle qu'elle existait, et se contentait, si l'on ose dire, de lui ajouter une contrainte supplémentaire. Ce n'est qu'avec les travaux d'Einstein que l'on dut modifier complètement la théorie du rayonnement, quelques années plus tard.

Le rayonnement du fond du ciel aussi appelé « rayonnement fossile » posait encore question. On l'avait découvert; on l'avait mesuré, en dépit des difficultés dues à sa faible intensité; on savait que c'était un rayonnement de corps noir. Il fallait maintenant en trouver la source.

La réponse vint presque immédiatement d'une tout autre ligne de recherches, non plus d'observation mais théorique. Il s'agissait d'investigations, engagées de relativement longue date, portant sur l'abondance des éléments dans l'univers. Une idée extrêmement audacieuse avait été avancée, notamment par l'Américain d'origine russe Georges Gamow, en 1946 : l'abondance des éléments dans l'univers devait être rapportée à un état très primitif de ce dernier. Un état dans lequel il aurait été tout à la fois très dense et très chaud; un état à partir duquel, se dilatant (l' « expansion »), il serait devenu progressivement peu dense, et beaucoup moins chaud. Gamow prédisait, à l'époque, la présence d'un vestige de ce rayonnement initial à la température de 6 K. Si l'on compare cette prévision avec les 3 K actuellement observés, et si l'on tient compte du peu de données de base dont on disposait alors, il faut dire que cette précision était un véritable tour de force.

Les astrophysiciens R. Dicke, D. Wilkinson et P.J.E. Peebles qui travaillaient à l'université de Princeton connaissaient l'hypothèse de Gamow. Ils firent le rapprochement entre le « bruit du fond du ciel » et la théorie selon laquelle l'univers avait dû passer par une phase chaude (d'environ 10 000 K).

La théorie de Gamow donnait la clé du rayonnement à 3 K sans qu'il y ait besoin d'ajouter d'autre hypothèse; le rayonnement à 3 K confirmait celle de l'expansion de l'univers avancée par Hubble. Chacun connaît le principe méthodologique formulé dès le XIVe siècle par le logicien anglais Guillaume d'Ockham : les hypothèses ne doivent pas être multipliées plus qu'il n'est nécessaire. Nous avons là, du point de vue épistémologique, une coordination rationnelle parfaitement « ockhamienne » entre deux théories préexistantes par un fait d'observation nouveau.

Désormais l' « expansion » dépassait le stade de l'hypothèse, elle prenait la dimension d'une véritable théorie scientifique à l'origine de nouvelles recherches et qui, aujourd'hui, n'est plus guère contestée, même si sa signification fait encore l'objet de débats.

LA THÉORIE DE L'EXPANSION

Après avoir assisté à sa genèse intellectuelle, et avant d'en examiner les développements, il convient de comprendre cette théorie en elle-même. Cette compréhension ne va pas de soi; elle demande un rude effort, car elle demande de s'affranchir de très anciennes habitudes de pensée.

La première difficulté, la plus grave sans doute, tient à l'habitude de séparer les variables espace et temps. Ce qui se traduit par la représentation, à chaque instant, d'une manière de photographie de l'univers vu dans une tranche de temps qui serait la même partout.

Or, une telle conception, qui se donne pour évidente, ne correspond absolument pas au processus de l'observation lui-même puisque, lorsque l'on remonte le long du rayon lumineux, l'on remonte de ce fait aussi dans le temps.

Il convient donc de débarrasser la représentation quotidienne de l'univers de cette disjonction entre espace et temps, constamment adoptée par l'observateur à son insu. On n'attache pas beaucoup d'importance aux quelques millièmes de seconde qui séparent Paris d'un signal radio provenant de Nouvelle-Zélande; ce décalage n'a guère d'incidences sur la vie quotidienne. Mais quand il s'agit de remonter le temps sur des milliards d'années, le cas est singulièrement différent!

Il faut donc raisonner en deux temps.

D'abord en empruntant le mode de raisonnement usuel, celui de la vie quotidienne. La conception s'impose, je le répète, d'une photographie de l'univers dans un instant donné de façon qu'à cet instant il a, partout, la même densité et la même température; on supposera qu'à une très grande échelle (un milliard d'années-lumière dans notre environnement immédiat) le milieu est homogène et uniforme dans toutes les directions et en tous points. Selon celle-ci, en essayant d'appréhender l'évolution de l'univers, on dit que cet univers indéfini, homogène et uniforme se trouve en état de dilatation. Ce qui signifie que, dans le passé, et partout à la fois, il était plus dense. Puisque ce rayonnement est observé et mesuré, donc accessible, on peut aussi raisonner sur ce qui lui est arrivé en remontant dans le passé. On dira alors que l'univers était plus contracté, plus dense et plus chaud, c'est-à-dire qu'il y avait plus de photons (davantage de « grains de lumière ») et que la longueur d'onde du rayonnement était plus courte. En remontant ainsi le temps, on parvient à une époque où les galaxies se touchaient. Et l'on peut donc penser qu'un peu au-delà (on devrait dire en deçà) de ce moment, les galaxies n'existaient pas encore en tant qu'objets indépendants. On s'emploie alors à extrapoler et l'on dit que l'univers a été constitué d'un milieu gazeux homogène et uniforme, à une époque très archaïque où il aurait été identique à lui-même en tous points.

Un tout autre mode de raisonnement doit maintenant être adopté. L'on considère la lumière émise, et l'on suit, cette fois-ci, le rayon lumineux lui-même pour comprendre ce qu'il advient sur son trajet. Comme il a déjà été dit, qui parle ainsi de déplacement dans l'espace parle du même coup de déplacement dans le temps. Pour l'astronome, il y a équivalence du temps et de l'espace. On choisit donc un point de départ arbitraire pour servir de base au raisonnement : une époque, par exemple, où la température était de 10 000 K. Et l'on suit un rayon lumineux émis alors. On s'aperçoit qu'au terme d'un chemin parcouru en un temps extrêmement court, ce rayonnement aura été complètement absorbé; le rayon aura disparu. La raison en est simple : elle tient aux propriétés du milieu dans lequel les photons, qui constituent le rayon, ont alors à se déplacer. Tout photon interagit en effet trop vite avec le milieu gazeux – composé de protons et d'électrons libres – tel qu'il se présente à de si hautes températures pour pouvoir poursuivre son chemin. Il est ainsi piégé dans la matière.

Lorsque, en revanche, on se trouve à une époque (l'âge de l'univers est alors de 300 000 ans environ) où la température n'est plus que de 3 000 K, les photons émis peuvent continuer leur trajet. L'explication est tout aussi simple : au fur et à mesure qu'ils avancent, l'état du milieu change puisqu'il refroidit; c'est ainsi que protons et électrons s'associent. L'électron se met à tourner autour du noyau et l'atome d'hydrogène se forme. Or, les atomes d'hydrogène n'absorbent pas les photons du rayonnement à 3 000 K, alors que jusque-là les électrons libres les retenaient au passage.

Le photon peut donc continuer son chemin et parvenir jusqu'à l'observateur. Mais lors de cette arrivée, il a parcouru un chemin si considérable que sa longueur d'onde a été multipliée par 1 000 environ et, ce qui revient au même, sa température se trouve divisée par 1 000 [1]. On dira que l'on reçoit toujours un rayonnement du « corps noir », mais, alors que celui-ci a été émis à 3 000 K, l'univers a tellement évolué pendant que le rayon lumineux cheminait jusqu'à la Terre que sa température n'est plus, au terme de son voyage, que de 3 K. Si donc l'on construit à partir de la Terre des rayons lumineux partant dans toutes les directions, on atteint finalement une zone où la température est de 3 000 K et où les photons viennent d'émerger : un véritable mur de lumière.

Dans cette description en termes d'espace-temps, ce que l'on atteint ainsi, c'est une sphère qui nous entoure et qui fait figure de sphère primitive d'émission : c'est d'elle que provient le rayonnement reçu à 3 K.

Le plus remarquable dans cette évocation est qu'elle ne fait appel, en tout et pour tout, qu'à deux données astronomiques : l'expansion et le rayonnement mesuré à l'heure actuelle. C'est là sa force : elle ne requiert l'addition d'aucune autre physique que celle utilisée dans les laboratoires. Par sa simplicité, elle semble véritablement imposer l'interprétation du rayonnement du fond du ciel par un processus d'expansion de l'univers.

D'AUTRES MODÈLES?

L'idée d' « expansion », ainsi comprise, engage-t-elle inévitablement sur la pente d'une pensée religieuse? Porte-t-elle en elle-même une idée, au moins implicite, de création, qui reviendrait à restaurer par l'astrophysique les droits et les pouvoirs d'un dieu quelconque?

On se souvient qu'en 1951 le pape Pie XII, s'adressant à l'Académie pontificale, déclarait voir dans la théorie de l' « atome primitif » de l'abbé Lemaître le *fiat lux* originel et la preuve de l'existence de Dieu. Pie XII avait visiblement tiré les leçons de l'affaire Galilée; il tenait à ce que l'Église ne tourne pas le dos à la science de son temps sous prétexte de défendre une interprétation littérale du texte de la Genèse. Proposant une interprétation symbolique des Écritures, il pouvait « récupérer » une certaine interprétation de l'idée d'expansion au bénéfice de la religion. Il n'a pas manqué de philosophes chrétiens, comme Claude Tresmontant, pour suivre cette ligne de pensée. Partant de l'idée de Parménide d'un monde toujours identique à lui-même, Tresmontant doit ajouter à cet univers visible, en expansion, qui a une histoire, une partie complémentaire qui assure l'éternelle identité de l'univers, et installer ainsi Dieu aux commandes du processus tout entier.

C'est sans doute l'une des raisons pour lesquelles de nombreux astrophysiciens, qui ne partageaient pas ces convictions et redoutaient ces interventions de la foi dans le champ de leurs recherches, se sont longtemps montrés méfiants à la seule idée d'expansion de l'univers. En hommes de science, ils ont donc tenté de proposer des explications qui puissent s'y substituer. Ils ont bâti d'autres modèles.

Ce fut le cas dans les années de l'immédiat après-guerre du célèbre astrophysicien anglais Fred Hoyle qui introduisit, au nom du « principe cosmologique parfait » (lequel ressemble fort au principe de Parménide), l'hypothèse de la création continue. Au sein d'un univers en expansion, l'apparition de protons et de neutrons distribués au hasard, à raison d'une particule par 100 mètres cubes et par milliards d'années, maintient constante la densité de la matière. D'une façon ou d'une autre – d'ailleurs non précisée –, de nouvelles galaxies naissent de cette matière, mais au total la notion d'origine, rejetée au nom d'un athéisme affiché, est radicalement écartée pour des raisons physiques.

Mais, si ingénieuse qu'elle fût, cette hypothèse n'a pu être prouvée par aucune théorie physique existante; pour fonder la « création continue » de Hoyle, il aurait fallu inventer une nouvelle physique, « exotique ». La découverte du rayonnement du fond du ciel, on le verra, devait porter un coup fatal à cette hypothèse. En 1970, Fred Hoyle en tentait pourtant encore le sauvetage, sans succès.

Ce fut le cas aussi, il y a une vingtaine d'années, du Français Jean-Pierre Vigier et, à sa suite, de Jean-Claude Pecker qui cherchaient dans d'hypothétiques interactions entre les photons et le milieu intergalactique la cause de ce que le premier appelait, après l'astrophysicien suisse d'origine bulgare, Fritz Zwicky (1929), le « vieillissement de la lumière », lequel aurait rendu compte du décalage vers le rouge des galaxies, sans qu'il fût besoin d'une hypothèse d'expansion. Mais il faut le reconnaître, jusqu'à aujourd'hui l'hypothèse de Vigier ne concorde pas avec les données de l'observation et ne permet pas, en particulier, d'expliquer les spectres des galaxies éloignées.

Ajoutons qu'un univers sans expansion – ce qui est le cas si le rougissement est expliqué par un phénomène de physique microscopique – est un univers stationnaire. Or, ainsi que l'ont montré Neumann et Seeliger pour un univers newtonien, et comme le prouvent les équations de la théorie relativiste de la gravitation, un univers stationnaire est instable. On peut même montrer, suivant le vieil argument de Jeans, qu'il est gravitationnellement instable à toute échelle.

1. Nous rappelons ici qu'il est bien connu que la couleur de la lumière d'un four dépend de sa température. Le four porté à blanc est à une température plus élevée que le four porté au rouge. De la même façon, on associe à la longueur d'onde du rayonnement produit la température de la matière, si bien que le rougissement correspond à un abaissement de la température du rayonnement.

II

QUESTIONS OUVERTES

LA QUESTION DE L'ISOTROPIE

Tout progrès de la connaissance apporte autant de questions qu'il en résout ; et c'est là l'important. Bien plus que les réponses, toujours provisoires, données à tel ou tel problème, ce sont les questions ouvertes qui attirent l'attention du chercheur et sollicitent inlassablement sa réflexion. C'est pourquoi la science est par essence progressive : chacune de ses conquêtes en appelle d'autres.

La théorie de l'expansion de l'univers illustre ce propos : les questions ouvertes fourmillent, et elles sont très difficiles, parce qu'elles font appel à une physique extrêmement raffinée dont les notions essentielles défient le sens commun.

Lorsque Penzias et Wilson découvrirent dans les circonstances que nous avons relatées le rayonnement du fond du ciel, le « rayonnement à 3 degrés », ce qui attira l'attention fut que, venant de toutes les directions, il présentait les mêmes propriétés dans toutes. C'est ce qu'on exprime lorsqu'on dit qu'il est « isotrope » (littéralement, en grec, « le même où que l'on se tourne »). C'est en tenant compte de cette caractéristique remarquable qu'on a pu dire qu'il correspondait au type même d'un rayonnement de corps noir à la température d'environ 3 K au-dessus du zéro absolu.

Nous avions noté en passant que cette isotropie

n'est pas absolument parfaite : on ne tarda pas à observer que le rayonnement du fond du ciel présente en fait une très légère anisotropie. Elle est imputable au mouvement absolu de la Terre par rapport à l'univers dans son ensemble. A la vitesse de la Terre par rapport au ciel (30 km/s, en plus ou en moins, selon la direction d'observation), l'anisotropie du rayonnement du fond du ciel correspond à une vitesse absolue du Soleil de 300 km/s. Cette vitesse produit une différence de température apparente du rayonnement de + 0,001 K dans un sens et de – 0,001 K dans l'autre.

Il ne s'agissait en somme que d'une simple difficulté « technique » qu'on a pu surmonter par le calcul et par l'observation. Et l'on peut continuer à dire, avec la petite rectification qu'on vient de voir, que le rayonnement en question présente une extraordinaire isotropie.

Mais l'explication de ce fait en lui-même soulève une difficulté considérable, qui relève cette fois-ci de l'ordre de la théorie. En effet, comment expliquer que les processus physiques, dont le rayonnement du fond du ciel est issu et qui se situent à l'époque extrêmement archaïque que nous avons précisée, puissent avoir un effet de causalité dans tout l'univers comme il le semble du fait de l'isotropie actuellement constatée ?

La question est aiguë car, à l'époque où il a été produit, le rayon de la « sphère d'influence » qui définit le domaine causalement lié représente – ramené à l'époque actuelle – un milliard d'années-lumière. Autrement dit, un milliard d'années-lumière définit le volume actuel dans lequel une interaction a été possible, depuis le début de l'expansion de l'univers jusqu'au moment où le rayonnement s'est découplé du gaz. Or, l'univers nous apparaît comme homogène à une échelle de 10 fois plus grande !

Cette question n'a pas encore reçu de réponse, même si de nombreuses hypothèses, comme on va le voir, ont pu être élaborées par les physiciens; celles-ci pourraient, à terme, permettre de lever la difficulté.

LA COMPOSITION CHIMIQUE DE L'UNIVERS

L'analyse des données d'observation concernant la composition chimique des étoiles de notre galaxie et même des galaxies voisines révèle un fait extrêmement frappant : pour l'essentiel notre galaxie est constituée de trois quarts d'hydrogène et d'un quart d'hélium. Tous les autres éléments réunis représentent moins de 2 % de la matière.

Sous ce rapport, la Terre, il faut le noter, n'est absolument pas caractéristique de l'abondance des éléments, puisqu'elle ne contient qu'une très petite quantité d'hydrogène, dans l'eau des océans, et encore moins d'hélium. On rend compte de cette particularité par toute une série de mécanismes de séparation des éléments au cours de la formation du système solaire qui ont provoqué l'élimination sur Terre de la plus grande partie des gaz légers, hydrogène et hélium.

L'important, mis à part ce petit caillou voyageant au milieu des gaz qu'est notre planète, c'est que notre galaxie présente une composition chimique d'une remarquable uniformité. Or, lorsqu'on procède à des analyses du même type pour d'autres galaxies, on trouve partout la même composition chimique, la même abondance d'hélium. Voilà qui à première vue a de quoi surprendre!

Si nous considérons à nouveau l'univers au temps où il se présente comme un milieu homogène et uniforme, tel que nous l'avons décrit au chapitre précédent, on sait qu'à remonter ainsi le temps on finit par trouver des températures tellement élevées que les noyaux peuvent s'y transformer.

Au voisinage de l'époque $t = 1$ s, alors que la température était de l'ordre de 10 milliards de degrés Celsius, l'hydrogène pouvait se convertir rapidement en hélium et réciproquement. La température influe sur la vitesse de réaction. Or, la vitesse de formation de l'hélium varie lentement avec la température, cependant que la vitesse de destruction de l'hélium décroît très vite, elle, avec la température; ce qui, à 10 milliards de degrés Celsius, maintenait un équilibre chimique entre les éléments. Mais avec le refroidissement rapide au cours de l'expansion, la réaction entre noyaux, après moins d'une minute, s'est trouvée arrêtée. La vitesse de destruction de l'hélium a, en vérité, si rapidement diminué qu'en quelques secondes l'abondance de l'hélium s'est figée. Bref, la composition chimique de l'univers primordial telle que nous l'observons a ainsi été arrêtée.

Ainsi expliquée, l'uniformité de la composition chimique de l'univers peut être tenue pour un argument supplémentaire en faveur de l'idée d'expansion. Mais ici se pose, à nouveau, une très redoutable question, analogue à celle que pose l'isotropie du rayonnement du fond du ciel : celle de la causalité qui pourrait rendre compte de cette uniformité. Causalité au sens le plus élémentaire du terme, car la cause précède l'effet. En physique macroscopique, le lieu et l'instant de l'effet doivent être situés par rapport au lieu et à l'instant de la cause, de telle façon qu'un signal puisse se propager de l'un à l'autre à une vitesse inférieure à la vitesse de la lumière. Avec une telle définition, dans un univers en expansion, le domaine causalement uni se trouve défini par une certaine distance qui est le produit de la vitesse de la lumière par un temps qui est l' « âge » de l'univers à l'époque considérée. Or, on peut, sans trop de difficultés, calculer la masse de matière présente dans le domaine causalement uni à l'époque de la formation des éléments. Mais on trouve que cette masse ne représente pas plus que quelques masses solaires. Comment expliquer, dans ces conditions, qu'un domaine aussi grand que celui de notre galaxie – équivalant à 100 milliards d'étoiles ou quelques dizaines de milliers de fois la masse de notre galaxie si l'on prend en compte l'ensemble des galaxies voisines – puisse avoir la même composition d'hélium et d'hydrogène, alors que ses dimensions le situent manifestement hors du domaine causalement lié à l'époque de la formation des éléments?

Cette question de la causalité est, je le répète, considérable; c'est probablement la plus grande difficulté qu'ait aujourd'hui à affronter la cosmologie. Bien entendu, comme devant toute question de ce type, les chercheurs avancent des hypothèses explicatives. Mais ici il faut jouer franc-jeu : nous entrons dans l'ordre de la spéculation. Que celle-ci soit à tous égards passionnante, qu'elle puisse déboucher, à une date imprévisible, sur la formulation de nouveaux concepts expérimentalement contrôlés, je ne le nierai pas. Mais il faut savoir qu'un tel énoncé n'est pas encore aujourd'hui à la portée des astrophysiciens contemporains.

LE MODÈLE INFLATIONNAIRE

Voici une tentative d'explication, schématiquement présentée; elle correspond à ce qu'on a coutume d'appeler désormais l'hypothèse « inflationnaire ». Elle consiste à avancer qu'à une époque beaucoup plus archaïque il y a eu une expansion tellement rapide (une « inflation ») que les domaines causalement liés étaient beaucoup plus grands que ce qui peut être aujourd'hui déterminé. Si l'on suit cette voie, il faut donc admettre que les effets de causalité que l'on constate ont été déterminés bien avant l'époque de la formation des éléments légers, à un moment où il y aurait eu une force répulsive énorme qui aurait provoqué une dilatation extraordinairement rapide en partant d'une densité prodigieusement élevée. On le voit, ce raisonnement fait porter ses arguments sur un processus hypothétique qui se situerait « en deçà » de l'expansion que l'on connaît, et qu'il faudrait, du coup, décrire d'une tout autre façon.

Cette remarque a un sens très précis : elle signifie non seulement qu'il n'y a aucune preuve expérimentale de ce processus mais qu'il faut, pour la soutenir, recourir à une physique véritablement « exotique », très différente de celle qui est actuellement en usage; alors que, je le répète, si l'on se contente de remonter à l'origine des éléments, on dispose d'une base physique solide et éprouvée même si elle n'est pas de la plus grande simplicité. Ajoutons que nous ne savons rien des éléments primordiaux supposés nucléairement ultrasensibles qui auraient alors existé.

Ce sont des physiciens qui ont inventé cette théorie de l'inflation, au crédit de laquelle les astrophysiciens n'ont aucune observation à porter. Ces auteurs reconnaissent d'ailleurs volontiers qu'il s'agit, pour l'heure, d'une espèce de jeu. On se demandera sans doute l'intérêt que les physiciens peuvent avoir à s'y livrer. L'affaire est, en physique, très sérieuse; elle se situe dans la perspective de ce qu'on appelle la « grande unification », c'est-à-dire celle des quatre interactions fondamentales de la nature.

L'UNIFICATION DES FORCES DE LA NATURE

Les forces de gravitation règlent les mouvements des planètes, des étoiles et des galaxies, les forces électromagnétiques la structure des atomes et la production de la lumière. Mais il existe dans la nature deux autres forces, découvertes par les physiciens lors de leur investigation de l'atome : les interactions « fortes » et les interactions « faibles ». Ces quatre types de force sont les forces fondamentales de la nature, elles se manifestent dans tout l'univers.

Il convient d'avoir une idée aussi précise que possible de ce que sont les interactions fortes et faibles si l'on veut comprendre l'objectif des physiciens d'unifier ces quatre forces, dans le cadre de la théorie de la « grande unification », et saisir du même coup les motifs de l'intérêt qu'ils portent à l'astrophysique et à la cosmologie. J'indiquerai ensuite comment la démarche des astrophysiciens ne saurait se confondre sans graves malentendus avec celle des physiciens.

On savait déjà depuis un certain temps que les atomes étaient constitués d'électrons, porteurs de charges négatives, retenus par une charge positive égale, lorsque Lord Ernest Rutherford montra que la totalité de cette charge positive, porteuse également de 99,95 % de la masse, était rassemblée au centre de l'atome, d'où le nom de « noyau » qu'on lui attribua.

C'est, on le sait, en 1932 que Sir James Chadwick fit la découverte expérimentale d'une particule neutre (le « neutron ») qui, avec le « proton » chargé positivement, constitue l'intérieur du noyau. Neutrons et protons répondent à l'appellation commune de baryons.

Mais on s'aperçut que dans la chimie particulière qui règle les rapports entre composants du noyau de l'atome, la masse de celui-ci est inférieure à la somme des masses des protons et des neutrons ; situation étonnante et, en tout cas, toute différente de ce qu'on connaissait dans la chimie « ordinaire » où la masse d'une molécule est égale à la somme de celles des atomes qui la composent.

La relation $E = mc^2$ établie par Einstein entre la masse et l'énergie permit de comprendre la signification de ces différences de masse; car elle laisse clairement supposer qu'une énergie est en cause.

L'attention fut donc fixée sur l'énergie de liaison des particules dans le noyau. Or, si l'on a recours à l'image courante et commode d'un édifice et que l'on compare les protons et les neutrons à des briques qui tiennent ensemble par l'exercice d'une force particulière, jouant le rôle de ciment, on conçoit que cette force doive être particulièrement puissante pour empêcher les protons, chargés positivement, et qui donc se repoussent, de s'envoler loin les uns des autres. Ce doit être une force beaucoup plus importante que la gravitation qui retient la Terre sur son orbite autour du Soleil, ou que la charge électrique qui retient les électrons autour du noyau. C'est cette attraction très efficace qu'on appelle « interaction forte ».

Mais dès la découverte de la radioactivité par Henri Becquerel (1896) et son étude par Pierre et Marie Curie, les physiciens se sont aperçus que, dans l'un des modes de transformation des noyaux, des électrons étaient émis. Pour des raisons historiques, cette transformation a reçu le nom de « radioactivité bêta ». Or, dès que des mesures suffisamment précises ont été effectuées, on s'est aperçu, en faisant le bilan, que l'énergie emportée par les électrons ainsi émis était inférieure à l'énergie disponible dans le noyau. Deux explications étaient possibles : ou bien la loi de conservation de l'énergie ne s'appliquait pas au niveau du noyau de l'atome, ou bien une particule invisible ou, en tout cas, très difficile à détecter emportait l'énergie manquante.

On n'était certes pas prêt à abandonner d'un

cœur léger la loi de conservation de l'énergie qui donnait à la physique l'impressionnante cohérence d'ensemble qu'on lui connaissait. L'hypothèse d'une nouvelle particule a ainsi prévalu. Ne portant pas de charge électrique et n'ayant, apparemment, pas de masse, elle reçut de l'Italien Enrico Fermi, le nom de « neutrino ».

Il restait à la trouver expérimentalement. C'est ce qu'ont réussi Cowan et Reines dans une célèbre expérience menée à bien en 1956. Cette expérience représentait un véritable exploit, car la difficulté d'attraper un neutrino « au vol » est énorme : il n'interagit que fort peu avec les autres particules et à très petite distance. On découvrait ainsi une nouvelle interaction, différente des autres, baptisée « interaction faible ».

On sait aujourd'hui que la transformation de l'hydrogène en hélium dans le Soleil s'accompagne de la production de neutrinos ; toutes deux prouvent que les interactions faibles jouent un rôle aussi bien au cœur des étoiles que dans les expériences terrestres. Le flux de neutrinos venant du Soleil a été mesuré lors d'une expérience réalisée par Davis au fond d'une mine d'or du Dakota du Sud. Les résultats de Davis ont été récemment confirmés par une expérience d'un type différent effectuée également au fond d'une mine à Kamiokanda, au Japon.

L'ambition des physiciens est de réunir dans une seule théorie – celle de la grande unification – la gravitation, l'électromagnétisme, les interactions faibles et les interactions fortes. Une remarquable réussite a couronné leurs efforts en ce qui concerne les forces électromagnétiques et les forces faibles grâce à la découverte en 1983 au CERN, à Genève, des particules W et Z, avec la masse prévue théoriquement.

L'opinion prévaut qu'une telle unification met sans doute en jeu des particules non nucléaires de très grande masse. Or, la présence de ces particules de très grande masse, ne serait-ce qu'à titre temporaire, voire fugitif, peut se concevoir si l'on remonte à une époque archaïque de l'univers en expansion. Les températures étant de plus en plus élevées, l'apparition de particules étranges de ce type est en effet vraisemblable. Par conséquent, on pense pouvoir trouver dans ces premiers moments de l'univers des arguments en faveur de la théorie physique de la grande unification. C'est le besoin de cohérence qu'éprouvent très légitimement les physiciens, s'agissant du rapport à établir entre les interactions fondamentales, qui les incite à se tourner vers l'astrophysique. Et l'on peut dire, assurément, que si une telle unification était réalisée par eux, l'astrophysique en bénéficierait grandement.

L'une des idées essentielles est d'imaginer une époque très archaïque, sans particules, où le « vide » contient une densité d'énergie extraordinaire. Cette énergie du vide permet une expansion ultrarapide, « inflationnaire », jusqu'au moment où la dilatation de l'univers convertit cette énergie en particules. Sous forme de résidus de cette époque, d'immenses formations linéaires, appelées en raison de leur géométrie les « supercordes cosmiques » et possédant un énorme pouvoir d'attraction gravitationnelle, auraient subsisté assez longtemps pour initier la formation des galaxies. Leur présence à l'époque du rayonnement du fond du ciel aurait produit des fluctuations du milieu, donc de son pouvoir émissif. On peut calculer les fluctuations du rayonnement du fond du ciel dues à ces hétérogénéités et espérer les confronter aux données de l'observation. Mais il faut encore gagner un facteur 100 dans la précision des mesures pour mettre ce modèle à l'épreuve de l'expérience. Si l'on y parvenait, ce serait le premier test d'observation de cette nouvelle physique.

On doit cependant garder en tête, je le répète, qu'aujourd'hui nous n'avons, de ce dernier point de vue, aucune trace des processus que les physiciens sont amenés à supposer dans leur grand jeu intellectuel.

BRISURES DE SYMÉTRIE

Considérons à nouveau le rayonnement du fond du ciel à 3 K qui constitue un argument majeur en faveur de l'expansion. Si l'on remonte dans le passé à une époque où la densité d'énergie du rayonnement dominait tout le système, on s'aperçoit que le nombre de photons par unité de volume est à peu près le même que le nombre de toutes les autres espèces de particules, à un facteur de l'ordre de l'unité près qu'on explique d'ailleurs facilement. Autrement dit, il y a, par unité de volume, autant de photons que d'électrons, de neutrinos, de noyaux d'hydrogène et de neutrons réunis, accompagnés de leurs antiparticules.

Or, ce qui est caractéristique de l'époque actuelle, c'est que le rapport entre baryons (neutrons et protons) et photons est tout à fait différent : on compte à peu près un noyau d'hydrogène pour une quantité de photons comprise entre 1 et 10 milliards! Et l'on constate que le rapport du nombre de photons au nombre de baryons reste constant au cours du temps. Comment donc la destruction s'est-elle accomplie? Comment expliquer une pareille dissymétrie dans ce processus? Comment se fait-il de surcroît que, autre dissymétrie frappante, dans notre galaxie et dans les galaxies voisines, nous n'ayons affaire qu'à de la matière et jamais à de l'antimatière? A des particules mais jamais à des antiparticules, que nous savons pourtant fort bien produire quotidiennement dans les grands accélérateurs et qui « accompagnaient » les particules dans l'univers primordial? Ces questions attendent toujours leur réponse. Diverses hypothèses ont été avancées pour expliquer cette brisure de symétrie dont on soupçonne qu'elle correspond à un processus physique tout à fait fondamental. Stephen Weinberg en a proposé une; Jean-Marie Souriau une autre. Il en est d'autres qui retrouvent cette brisure au niveau des neutrinos; elle a été mise en évidence en laboratoire, il y a maintenant quelques années. Alors que l'électron, en effet, peut tourner dans les deux sens, de même que son antiparticule le « positon » ou électron positif, le neutrino ne tourne que dans un sens, de même que l'antineutrino.

Qu'on imagine à la suite de Weinberg la brisure de symétrie comme un processus microscopique affectant simultanément tout l'univers en expansion, qu'on la conçoive avec Souriau comme un phénomène macroscopique effectuant une séparation entre matière et antimatière, ou qu'on scrute le comportement étrange des neutrinos, on suppute que cette brisure pourrait être à l'origine du petit déséquilibre entre matière et antimatière qu'il était nécessaire d'avoir dans l'univers primordial pour rendre compte de son existence actuelle.

Pour ce qui est de la suite de l'évolution, le problème est moins compliqué. Hubert Reeves a parfaitement montré que l'entropie par baryon est relativement élevée, ce qui signifie que l'état de désordre de l'univers pris par unité de masse n'est pas sensiblement différent de ce qu'il était à l'époque t = 100 s, il y a 100 millions d'années. Je suis en plein accord avec cette démonstration.

DU COSMOS A LA VIE ?

Mais la question de la symétrie, ou plus exactement celle de la brisure de symétrie, mérite qu'on s'y attarde. Cette question, que nous venons de poser à l'échelle cosmique et qui, on l'a vu, sollicite quelques-unes des recherches les plus passionnantes en microphysique, peut en effet être rapprochée d'une autre posée dans un tout autre domaine. Le rapprochement me semble porteur d'un avenir extrêmement stimulant.

Les biologistes moléculaires ont constaté en effet que, sur les 20 acides aminés existant chez les êtres vivants, un seul est symétrique et 19 peuvent exister sous une forme droite ou gauche, images en miroir l'une de l'autre. Or, il se trouve que les êtres vivants sont constitués de façon dominante d'acides aminés gauches (qu'on appelle « lévogyres ») et de façon générale de molécules gauches.

Voilà bientôt un siècle que cette étrange prédominance des molécules lévogyres est l'objet de recherches; déjà Pasteur s'en était inquiété lors d'expériences réalisées en 1849-1850. Il suggérait dans ses notes que cette dissymétrie pourrait être imputable à la « dissymétrie cosmique ». Ce n'était alors, bien entendu, qu'une vue générale et hasardeuse. Mais l'on sait aujourd'hui qu'il existe, comme on vient de le voir, une dissymétrie cosmique dans la nature.

Pour préciser les choses, il faut revenir à l'impalpable, au très subtil neutrino. L'interaction entre électron et neutrino est due à cette force très petite qu'on appelle l'interaction faible. Le neutrino tourne sur lui-même, avec cette particularité que son axe de rotation est toujours parallèle à sa vitesse, et le sens de rotation toujours le même. Si on considère son image dans un miroir perpendiculaire à la direction de son mouvement, le sens de la rotation est conservé dans l'image du miroir, alors que la direction dans le miroir est inversée : l'image du neutrino dans le miroir est celle d'un antineutrino dont on dit qu'il tourne à droite, alors que le neutrino tourne à gauche. Il y a brisure de symétrie.

Or un tel phénomène affecte les électrons. Les électrons, négatifs, ont une légère tendance à tourner vers la gauche, la direction de l'axe de la toupie-électron étant le plus souvent orientée en sens opposé à la vitesse, alors que l'axe de la toupie-positron (l'antiparticule de l'électron) est le plus souvent orienté dans le sens de la vitesse. Il y a donc là aussi brisure de symétrie.

Mais où les choses deviennent vraiment passionnantes, c'est lorsqu'on s'aperçoit que l'énergie de liaison des molécules lévogyres est un peu plus grande que l'énergie des molécules destrogyres. Cette différence est certes extrêmement faible, puisqu'elle est de l'ordre d'un milliardième de milliardième d'électron-volt. Mais elle pourrait, dans des conditions favorables, engendrer la formation de chaînes de molécules lévogyres ! La brisure de symétrie de la radioactivité bêta est due, comme nous l'avons dit, aux propriétés des interactions faibles. Et celles-ci expliquent les très petites différences dans les énergies de liaison des atomes et des molécules. Ne pourrait-on penser que la différence des énergies de liaison entre les molécules lévogyres et destrogyres due aux interactions faibles serait la cause de la dissymétrie des molécules constitutives des êtres vivants ? Voilà, à tout le moins, une voie de recherche qui me paraît prometteuse, reliant l'apparition de la vie à la structure du cosmos.

DISTRIBUTION ET FORMATION DES GALAXIES

Il convient de regarder maintenant dans une autre direction, pour découvrir de nouvelles perspectives de recherche. Avant le moment où les galaxies se touchent, on l'a dit, elles n'étaient pas individualisées, et seule existait une masse de gaz à partir de laquelle elles se sont formées. Mais il faut reconnaître que l'on ne dispose à l'heure actuelle d'aucune description satisfaisante du mécanisme de formation des galaxies ! Ce qui est sûr, en revanche, c'est que les galaxies ne sont apparemment pas distribuées au hasard dans l'espace et c'est, peut-être, une voie pour aborder cette redoutable question.

On savait déjà depuis longtemps qu'elles paraissaient distribuées le long de « cordes », de « fils » ou de « chaînes », comme on voudra. Et l'on avait noté que les amas de galaxies se présentent, pour l'essentiel, à l'intersection des chaînes en question. Mais des analyses de données effectuées il y a trois ans environ ont montré que cette distribution n'est pas du tout uniforme. On s'aperçoit en effet que les galaxies de notre environnement, jusqu'à environ un milliard d'années-lumière, se trouvent, pour la plupart, réparties sur les parois d'immenses « bulles » (d'environ 30 millions d'années-lumière de diamètre) qui ne sont peut-être pas complètement vides mais presque.

Le mot « bulle » est évocateur et, pour une fois, l'image n'est pas trompeuse. Lorsqu'en effet on souffle avec un chalumeau dans de l'eau savonneuse, on forme un amas de bulles et l'on peut constater que la pellicule savonneuse se trouve répartie sur des surfaces dont les intersections sont des lignes, lesquelles se croisent elles-mêmes en des points déterminés. A une tout autre échelle évidemment, les galaxies semblent distribuées dans l'univers sur la surface de bulles juxtaposées qui se coupent et s'intersectent de façon complexe.

Bien entendu, si l'on parle de « bulles », ce n'est pas simplement pour l'image, au sens trivial que nous venons d'évoquer. C'est pour indiquer, au sens géométrique, qu'il s'agit de surfaces fermées régulières sur lesquelles sont placées les galaxies. Pour être plus précis, il faudrait donc dire que celles-ci sont distribuées dans l'espace de façon qu'on peut faire passer par elles une surface géométrique infiniment mince.

Cette constatation est extrêmement frappante. Les schémas donnés par Lapparent, l'auteur de ces études, sont très parlants : on y voit littéralement les galaxies ainsi réparties. S'il y a par exemple 3 bulles en contact, lorsqu'on les prend 2 à 2, il y a 3 lignes d'intersection, avec un point commun. Les galaxies et les amas de galaxies « figurent » sur ces 3 lignes et en ce point. Il faut ajouter qu'il ne s'agit pas là de spéculation. Sur ces graphiques est en effet porté, comme sur une carte, l'emplacement de plusieurs centaines de galaxies à partir d'un échantillonnage de bonne qualité. On y « voit » des « trous » – les « bulles » – avec des bords riches en galaxies. Mais il faut évidemment s'entendre sur le mot « voir ». Il est employé ici au sens où, regardant l'immeuble d'en face, l'on voit le bord de la fenêtre et l'intérieur de celle-ci. On voit le croisillon qui sépare les carreaux et puis ces « trous » qui correspondent aux vitres que l'on ne voit pas.

On ne conteste plus guère aujourd'hui la validité de ces schémas qu'on avait un instant soupçonnés de n'être que l'effet des insuffisances et des défauts des données d'observation. Du coup, on est évidemment tenté d'interpréter ce regroupement comme étant d'origine, directement lié au mode de formation des galaxies. Il paraît en effet invraisemblable que ces distributions spatiales inattendues soient indépendantes du processus de formation des galaxies.

Comme je l'ai dit plus haut, il n'existe pas

encore de description satisfaisante de ce processus. Peut-être les hypothétiques supercordes cosmiques ont-elles été effectivement les agents de la formation des galaxies et la cause de leur distribution spatiale. Mais sans en venir à une hypothèse aussi radicale, reposant sur une physique encore en cours d'élaboration, on peut suivre le processus très suggestif imaginé par le physicien soviétique Ya Zeldovich il y a une trentaine d'années, même si sa description reste pour l'essentiel purement qualitative.

Elle peut être présentée en utilisant une analogie optique relativement simple. Si l'on considère un miroir sphérique et une source lumineuse l'éclairant, les rayons lumineux enveloppent alors une surface que l'on appelle une « caustique ». Il est intéressant de noter comment se distribue la réflexion d'un rayon lumineux sur une feuille de papier. Dès qu'il s'agit de rayons qui ont été un petit peu réfléchis en dehors de l'axe, ils ne passent plus du tout par le foyer et se distribuent en enveloppant la « caustique ».

L'idée de Zeldovich s'énonce ainsi : si l'on a affaire à un milieu dans lequel se produisent des mouvements désordonnés et si l'on suit les trajectoires de chacune des particules qui y participent, ces trajectoires vont être tangentes à des surfaces analogues aux caustiques et là se rassemblera la matière pour constituer les galaxies. On a donc affaire à une espèce de dynamique simple de la production, non seulement des galaxies, mais des lieux sur lesquels celles-ci se forment. Et, de fait, on peut concevoir que les galaxies se forment là où la matière se rassemble, donc sur des surfaces et des intersections de surfaces du type « caustique ». Il faut cependant en convenir : si le point de départ de Zeldovich est très élégant, on n'a pas affaire à une explication physique; il s'agit bien plutôt d'une sorte de géométrisation métaphorique d'un processus supposé, laquelle laisse au demeurant dans l'ombre une redoutable question liée à la condensation, c'est-à-dire l'élimination de la chaleur.

De là, d'autres scénarios qui tentent de faire entrer cette donnée en ligne de compte. L'hypothèse la plus connue est sans doute celle des supercordes cosmiques, modèle qui répond aux premières mises en évidence de la distribution des galaxies sur des cordes; en réalité, on vient de le voir, l'image des cordes n'est pas suffisante : il faut invoquer les surfaces de bulles. Mais l'intérêt de ce modèle est de proposer qu'il ait pu y avoir des lieux de rassemblement de matière, des lieux de condensation attractifs qui auraient été à l'origine de l'enchaînement caractéristique des galaxies.

Il est lié aux efforts des physiciens vers la « grande unification », laquelle fait appel à des géométries à multidimensions, dont certaines auraient une étendue extrêmement petite et seraient sous-jacentes à notre univers à 4 dimensions. C'est dans le cadre de cette géométrie compliquée que les lignes de condensation de masses se seraient produites. Mais outre le fait qu'il ne permet pas de rendre compte de la position maintenant avérée des galaxies sur des surfaces, ce modèle pose un problème pour l'instant insoluble : comment s'effectue le regroupement de matière à une époque où les caractéristiques physiques essentielles du milieu, lorsque l'univers est constitué d'un plasma de gaz ionisés, sont très différentes de celles que l'on peut appréhender aujourd'hui ?

Comme aucune expérimentation ne saurait être faite sur un tel milieu, la crédibilité du modèle ne peut reposer que sur sa cohérence interne. Mais la cohérence est elle-même fort difficile à obtenir en ce domaine. L'histoire des vingt dernières années le prouve à l'évidence.

J'en prendrai un seul exemple : si l'on considère les amas de galaxies, c'est-à-dire les grands systèmes qui ne paraissent pas avoir de vraies structures, donc si l'on se situe à une échelle plus petite que 15 000 années-lumière, qu'étudie-t-on au juste ? Des corrélations. On se demande quelle est la probabilité de trouver la galaxie la plus proche d'une galaxie considérée après une certaine distance. On fait donc des études numériques à partir de données d'observation pour essayer de dégager la loi des corrélations, et sur cette base on tente de bâtir un modèle qui satisfasse à cette loi. Or l'impression s'impose, dans les études qui ont été faites, qu'elles font intervenir strictement l'attraction gravitationnelle : les effets de la gravitation redonnent une distribution des galaxies suivant une loi de corrélation semblable à celle qui a été observée. Situation analogue à ce qui se passe, par exemple, dans la théorie cinétique des gaz, quoique avec un autre système d'attraction. On en retire donc le sentiment qu'il s'agit d'un phénomène aléatoire, descriptible en termes statistiques.

Il est vrai que lorsqu'on fait de la théorie cinétique des gaz on s'installe dans l'aléatoire; mais les valeurs moyennes existent et l'on a affaire à tellement d'objets que les fluctuations s'en trouvent négligeables et que la prédictibilité sur les fluctuations elles-mêmes est tout à fait remarquable. Mais en astrophysique, lorsqu'il s'agit des galaxies, les conditions sont très différentes. Autant l'on pourrait être porté à chercher des causalités simples pour ce qui est du niveau le plus archaïque (ce que font les partisans des supercordes cosmiques), autant dans l'évolution ultérieure on distingue des actions qui paraissent complètement locales, non soumises à des effets globaux, échappant à ceux d'interaction à distance. On ne peut donc plus raisonner simplement en termes statistiques.

L'AGE DE L'UNIVERS?

On comprend aisément dans ces conditions que la question fascinante de l'« âge » de l'univers ne soit pas, elle non plus, réglée. Il faut même dire qu'elle est très souvent mal posée et engage la pensée sur des voies qui, du point de vue scientifique, sont des impasses.

Si l'on veut poser correctement cette question, la première étape consiste à fixer un ordre de grandeur. Or, étant donné que la « constante de Hubble » est une vitesse en millions d'années-lumière, on voit très bien qu'une vitesse divisée par millions d'heures correspond à l'inverse d'un temps. Donc, l'inverse de la constante de Hubble permet de définir à peu de chose près l'âge de l'univers. On sait que la constante de Hubble est de l'ordre de 25 km par seconde et par millions d'années-lumière. L'âge de l'univers s'en déduit : il est d'environ 10 milliards d'années. Mais il faut ajouter qu'il ne s'agit là que d'une échelle de temps, et non pas d'une durée comme l'expression « âge de l'univers » tend à le suggérer. La durée elle-même dépend en effet du modèle selon lequel on décrit le mouvement.

Dans le cas le plus simple, comme le modèle de Friedmann, à ces 10 milliards d'années correspond un âge qui se situe aux environs de 6,5 milliards d'années. Mais on peut effectuer des estimations en se fondant sur d'autres sources. Par exemple, on peut se référer à l'âge des plus vieux systèmes d'étoiles qui se trouvent au voisinage de notre galaxie. Sur cette base, on obtient un âge compris entre 12 et 18 milliards d'années.

Il existe encore d'autres méthodes de datation. Certaines utilisent les éléments radioactifs que nous trouvons sur Terre et les produits du déclin radioactif. Ces techniques très compliquées reposent sur le fait que chaque élément radioactif a un temps caractéristique de dégradation (ce qu'on appelle le « déclin radioactif », mesuré en laboratoire et bien connu). Par des procédés très astucieux que je ne puis décrire ici étant donné leur sophistication, on parvient à un intervalle qui se situe entre 12 et 18 milliards d'années.

La situation mérite examen en se référant à l'âge de 6,5 millards d'années. A cette échelle, la production du rayonnement du fond du ciel se fait à l'époque où l'univers a un âge d'environ 300 000 ans. La formation des éléments intervient alors lorsque l'univers a 100 s. Ce que l'on sait, mais par raisonnement pur et sans donnée d'observation, c'est que le temps à partir duquel les phénomènes quantiques de la relativité deviennent négligeables est très archaïque et correspond, dans notre scénario, à un âge de 10^{-43}s. Et il ne faut pas oublier que notre physique ne sait pas remonter au-delà de ce temps de Planck.

Maintenant il faut rendre compatibles les 6 milliards d'années avec les 12 à 18 milliards. Or, lorsqu'on se propose de le faire, on rencontre d'extrêmes difficultés. Une solution consiste par exemple à reprendre le modèle de Lemaître et à dire qu'il y a eu une expansion, qui s'est trouvée ralentie sous les effets de la constante cosmologique, puis que l'expansion a repris jusqu'à l'époque actuelle. De façon générale, si l'on admet l'existence d'une constante cosmologique, on n'est plus non plus lié au modèle d'univers de Friedmann ; on peut accepter un modèle d'univers fini (sphérique dans un espace à 4 dimensions), proche parent de l'univers de 1917 d'Einstein, bien qu'en expansion. Bref, avec un paramètre de plus, on peut résoudre bien des difficultés.

Quelle que soit la validité de ces scénarios, l'important est de garder en mémoire que, lorsque les astrophysiciens sont amenés à dater les événements qui marquent l'histoire de l'univers et, par conséquent, à choisir une origine des temps, ils ne fixent nullement une origine de l'univers. Ils construisent, à partir de l'époque actuelle, des repères temporels conformes aux lois de la physique qu'ils ont à leur disposition, ce qui est tout différent. Lorsqu'ils procèdent ainsi, ils butent sur un temps déterminé qui est, on l'a vu, de 10^{-43}s environ et sont absolument incapables de dire ce qui se passait « avant ». La question même de l' « avant » perd à vrai dire son sens, car on pénètre alors dans un domaine où il est certain que la gravitation (telle que la relativité générale permet de la penser) était « quantique ». Or, on ne dispose pas, à l'heure actuelle, d'une théorie quantique de la gravitation, malgré tous les efforts qui ont été accomplis pour unifier relativité générale et mécanique quantique. On pénètre donc dans un domaine que les moyens scientifiques dont on dispose ne permettent pas de décrire : une époque où les fluctuations quantiques deviennent de plus en plus importantes, c'est tout ce que l'on peut en dire. Et c'est évidemment peu si l'on continue à se poser la lancinante question de l'origine de l'univers. Mais cette question n'est-elle pas elle-même un leurre?

III

INSTRUMENTS ET RÉFLEXION

TÉLESCOPES, ORDINATEURS, SATELLITES

Si l'astrophysique a connu les progrès fulgurants que nous venons de retracer, c'est grâce à la coopération de plus en plus étroite instaurée sur des bases théoriques élaborées entre plusieurs lignes de recherche, et même plusieurs disciplines qui naguère encore s'ignoraient les unes les autres. On a vu comment la théorie de la relativité, générale mais aussi restreinte, la mécanique quantique, la physique nucléaire puis celle des particules sont venues fournir non seulement des résultats à exploiter, des instruments à mettre en œuvre, mais aussi des hypothèses dont certaines se sont avérées extrêmement fécondes, même si d'autres, je l'ai souligné, restent encore spéculatives.

Mais l'examen de la question de l'expansion de l'univers fait peut-être apparaître mieux que tout autre comment l'astrophysique reste une discipline d'observation. De fait, les grandes découvertes cosmologiques ont été le résultat d'un accroissement systématique des capacités de mesure et d'observation lié au progrès technologique. S'il faut se garder de confondre, comme on le fait, hélas!, trop souvent, progrès scientifique et progrès technologique; s'il faut refuser d'imputer à la science les crimes qu'on reproche, non sans raison parfois, à la technologie, ou, plus exactement, aux conditions sociales et économiques d'exploitation du progrès technologique, il convient tout autant de prendre la mesure de l'intervention de la technologie dans le progrès de la recherche fondamentale.

Qu'on songe une dernière fois au moment décisif de l'histoire que nous venons de retracer à grands traits, la découverte de la « fuite » des galaxies par Hubble en 1926. Il fallait pouvoir observer le « décalage vers le rouge » des galaxies. Or cela n'aurait pas été possible sans la mise en service du télescope du mont Wilson qui, avec ses 2,50 m de diamètre, représentait une avancée considérable dans la puissance de nos moyens d'observation; il fallait aussi, pour enregistrer et interpréter ce décalage, disposer de la plaque photographique et du spectrographe, l'instrument clé de l'analyse des raies spectrales dans le cadre de la spectroscopie fondée par Gustav Robert Kirchhoff en 1859.

Quant au rayonnement de corps noir du fond du ciel, j'ai déjà souligné en quoi il avait été tributaire de la mise à l'épreuve d'un nouvel instrument d'observation par le Bell Telephone Laboratory en 1963, même si, je l'ai dit aussi, l'existence de ce rayonnement avait été postulée bien auparavant par des voies purement théoriques.

Ce rôle des instruments n'a fait, depuis lors, que s'accentuer. La croissance du diamètre des télescopes a permis de réaliser des progrès considérables dans la réception et l'étude des rayonnements infrarouges et radio. On dispose ou on disposera bientôt de télescopes géants : celui de la fondation Teck en

Californie d'un diamètre de 12 m, le National New Technology Telescope de Hawaii d'un diamètre de 16 m, le Very Large Telescope en Europe d'une taille équivalente. Ces perfectionnements qui fournissent ou promettent une accumulation sans précédent de données nouvelles n'auraient pas été possibles sans la mise en œuvre d'une technologie nouvelle qui permet de réaliser des miroirs allégés de très grande taille; miroirs qui présentent une grande sensibilité à l'infrarouge.

Il est par ailleurs bien connu qu'à compter des années 1960, avec le lancement des premiers satellites, on a pu libérer les observations des effets limitatifs de l'atmosphère terrestre. Les découvertes les plus spectaculaires ont eu lieu dans le domaine des rayons X et des rayons gamma. On a d'abord découvert qu'il existait des sources X compactes, constituées par des étoiles doubles, c'est-à-dire par deux étoiles tournant l'une autour de l'autre autour de leur centre de gravité commun. Dans ce cas, l'une des deux étoiles est extrêmement condensée. Un autre type de source X, encore mal compris aujourd'hui, a été découvert en 1979 grâce au satellite HEAO II équipé du télescope Einstein qui comporte un miroir capable de collecter les rayons X et de former une image du ciel en rayons X exactement de la même façon qu'un télescope optique. Cet instrument nous a permis de découvrir que, dans des galaxies plus ou moins proches de la nôtre, ce que l'on traitait jusqu'alors comme des sources X diffuses, où les rayons X étaient émis dans des régions étendues, se révélait un agglomérat de sources compactes.

Pour ce qui est des rayons gamma, on a ainsi réalisé plusieurs découvertes importantes. On s'est notamment aperçu que le rayonnement gamma comportait des éclairs qui peuvent se succéder en rafales et qu'on explique aujourd'hui par la libération brutale d'énergie nucléaire dans la matière capturée à la surface d'étoiles ultradenses et de très petit rayon, les célèbres « étoiles à neutrons » qui restèrent, il faut le rappeler, à l'état de fiction jusqu'en 1967, date à laquelle on découvrit les « pulsars », ces étoiles qui tournent très rapidement sur elles-mêmes, en une seconde et parfois beaucoup moins. On a de plus détecté des rayons gamma en provenance de notre galaxie : la connaissance de sa structure ainsi que de la production des rayons cosmiques en est devenue possible. Il faut encore ajouter qu'on a pu mesurer un rayonnement gamma provenant du fond du ciel, dont l'origine n'est pas encore connue, mais qui paraît venir de régions très éloignées de l'univers; enfin on a découvert, dans les régions centrales de notre galaxie, l'émission d'une variété d'aluminium radioactif produit dans les supernovae et se désintégrant en magnésium 26.

Dès aujourd'hui, grâce aux progrès déjà accomplis en matière de télescope, les astrophysiciens « voient » des astres à plus de 10 milliards d'années-lumière! Bientôt ils pourront enfin observer sinon des galaxies en formation, du moins des galaxies formées de fraîche date. La preuve ultime de l'expansion de l'univers viendrait alors de l'observation des différences morphologiques et physiques des galaxies en fonction de leur âge.

A vrai dire, si l'on se limitait à mentionner les progrès des télescopes, on ne mentionnerait qu'un des progrès technologiques qui ont transformé l'astrophysique. Il faut en effet y ajouter ceux de l'imagerie : la plaque photographique dont on dispose depuis la fin du siècle dernier est complétée maintenant par de nouveaux récepteurs photoélectriques beaucoup plus sensibles. Du coup, la cartographie du ciel profond peut faire des progrès importants par l'observation d'objets plus faibles.

Autre innovation technologique récente et bien connue qui a bouleversé le travail des astrophysiciens plus radicalement peut-être que bien d'autres domaines de recherche : l'apparition de grands ordinateurs. Qu'on songe, pour ne prendre qu'un seul exemple, aux difficultés que présente l'étude du mouvement des étoiles. Dans un système double, deux étoiles tournent autour du centre de gravité du système qu'elles constituent, et il existe une relation directe entre leur masse, la distance qui les sépare et la vitesse de leur mouvement orbital. Mais cette relation simple s'évanouit dès qu'il y a plus de deux étoiles. Les mouvements de plusieurs étoiles, bien qu'obéissant chacun à une loi élémentaire, sont extrêmement compliqués; et chaque étoile est soumise à l'influence de toutes les autres. C'est ainsi que seuls les gros ordinateurs ont permis d'effectuer le calcul des mouvements des étoiles dans un tel système. On peut, à l'heure actuelle, faire ce qu'on appelle de la « simulation numérique » d'un système de plusieurs milliers d'étoiles : on « suit » le mouvement de chacune et l'on « voit », grâce à une représentation graphique, le système se structurer!

On a vu, enfin, comment les grands accélérateurs de particules construits par les physiciens, comme celui du Centre européen de recherches nucléaires (CERN) à Genève, apportent à l'astrophysique questions et confirmations au gré d'une coopération maintenant organique.

Si admirables que soient les exploits technologiques dont elle est le théâtre, me permettra-t-on de dire que l'intérêt profond, humain, de l'astrophysique est d'un tout autre ordre? Il me paraît tenir à sa démarche intellectuelle et aux résultats qu'elle a permis d'obtenir dans notre ambition de penser l'univers.

J'ai assez insisté sur cette démarche dans les pages qui précèdent pour que je ne m'y appesantisse pas : contre tous ceux qui se sont fait aujourd'hui une spécialité de dénigrer la science, il faut reconnaître qu'elle est celle d'un progrès ininterrompu, d'un approfondissement constant de la connaissance de la réalité. Mais j'ai montré aussi que ce progrès n'était pas, comme on le représente souvent à tort, linéaire. Il ne procède pas par simple accumulation de résultats, sur des bases théoriques préparées à l'avance en utilisant l'instrument d'une supposée méthode préalablement donnée. Au contraire, il est le fruit d'une permanente remise en question des certitudes acquises et des méthodes éprouvées; une remise en question qui fait toute sa part au hasard et qui n'exclut pas, de la part du chercheur, l'association libre de pensées apparemment éloignées les unes des autres, les audaces dans la spéculation, les tâtonnements, les échecs et les repentirs... On a vu, par ailleurs, que ce progrès n'est nullement continu : son rythme est irrégulier, saccadé. Demain, une découverte peut venir soudain, à l'improviste, redistribuer toutes les cartes, même si les nouvelles vérités s'enchaînent à celles auxquelles elles viennent se substituer, en leur assignant une nouvelle place dans l'édifice de la science. C'est sans doute cette allure « révolutionnaire » de la démarche scientifique qui la rend si suspecte aux yeux de toutes les puissances d'ordre et de conservation intellectuelle et sociale. L'histoire des investigations sur la structure de l'univers et sa genèse n'est pas avare d'épisodes bien connus où l'on a vu ces puissances se mobiliser contre une vérité nouvelle qui bousculait des dogmes anciens. Si l'on peut dire que toute science est, par essence, « hérétique », l'étude de l'univers l'est sans doute, par nécessité, plus que tout autre.

L'UNITÉ DE L'UNIVERS

Ce qui est, à mes yeux, le plus remarquable dans les résultats obtenus au terme provisoire de plusieurs millénaires d'une telle étude, c'est qu'ils font apparaître, en la confirmant sans cesse, l'unité de l'univers.

L'enthousiasme extraordinaire qui salua la découverte de Neptune par Johann Gottfried Galle, sur la base d'un pur calcul effectué par Urbain Le Verrier à partir de la loi newtonienne de la gravitation universelle, s'étendit bien au-delà du monde savant. Il n'était pas injustifié : la loi de la gravitation universelle qui, depuis la publication des *Principia mathematica philosophiae naturalis* (1695) guidait le travail des savants et fascinait les philosophes, prenait une signification nouvelle. Non seulement elle expliquait le mouvement des planètes connues, mais aussi la découverte d'une planète nouvelle lui donnait-elle, irrécusablement, le statut de représentation de la réalité. Elle apportait de surcroît une preuve de cette unité de l'univers vers laquelle Newton, après Galilée et Kepler, avait dirigé la pensée. Et lorsque Einstein formule en 1915 la nouvelle théorie de la gravitation, et peut rendre compte de la légère anomalie, déjà constatée par Le Verrier, de l'orbite de Mercure, on constate que, différant très peu de la gravitation newtonienne à l'échelle du système solaire, la gravitation einsteinienne devient importante dans les cas extrêmes des corps très denses, des corps en mouvement rapide, ou des phénomènes à l'échelle de l'univers. Elle est plus universelle encore que la loi newtonienne dont elle sauvegarde, pour l'essentiel, à son échelle, la validité; un nouveau pas a été franchi qui confirme l'idée captivante de l'unité de l'univers.

Les recherches dont nous venons de relater les succès et les difficultés donnent à cette idée une ampleur et une puissance extraordinaires.

Kirchhoff avait découvert en 1859 non seulement que chaque élément chimique est caractérisé par les raies spectrales qu'il peut émettre – chaque raie pouvant être caractérisée comme une émission d'une couleur très pure, quasi monochromatique –, mais que tout élément peut absorber les raies qu'il est susceptible d'émettre. Cette découverte rendue possible par les progrès contemporains de l'optique avait eu immédiatement des conséquences astronomiques importantes puisque le père Secchi, en observant avec un spectroscope quelques étoiles brillantes, avait identifié certains éléments chimiques majeurs, tels que l'hydrogène, le sodium et le calcium. L'idée de l'unité de la composition chimique du cosmos vit ainsi le jour. Les mêmes processus microscopiques responsables sur la Terre du processus de rayonnement se retrouvaient à l'œuvre dans le Soleil et les étoiles. Cette idée n'a reçu, jusqu'à maintenant, que des confirmations : la production des raies spectrales est régie par les lois qui, on l'a vu, mettent en jeu des constantes physiques microscopiques, la charge et la masse de l'électron et du proton ainsi que la grandeur essentielle du monde subatomique et la constante de Planck. La présence de ces mêmes raies jusque dans les astres les plus éloignés que l'on connaisse montre que ces constantes physiques ont la même valeur partout dans l'univers. Ce sont les mêmes mécanismes physiques qui engendrent partout les mêmes spectres!

Autre découverte, déjà mentionnée, les galaxies présentent de frappantes similitudes de forme. Cette découverte d'une similitude morphologique vient renforcer et compléter l'idée tirée de l'identité des éléments chimiques présents dans l'univers; elle conduit à penser qu'une même physique gouverne l'apparition de ces formes, et l'on conçoit actuellement que la gravitation détermine les formes de ces grands systèmes en rotation, la formation de bras spiraux étant due à des instabilités que la rotation organise, les effets de marée qu'on constate lors du passage d'une galaxie à proximité d'une autre étant à la base de formes caractéristiques complexes.

On a vu aussi comment les forces de gravitation règlent le mouvement des planètes, des étoiles, des galaxies et l'on sait que les forces électromagnétiques fixent la structure des atomes et la production de la lumière. Mais j'ai rappelé que deux autres forces gouvernent les structures fines de la matière : celle qui lie entre eux les protons et les neutrons, constituants du noyau de l'atome, qu'on appelle l'interaction forte, et celle qui intervient dans les processus radioactifs et qui lie ces particules presque dénuées de masse que sont les neutrinos et les antineutrinos, qu'on appelle l'interaction faible.

Ces interactions ont été mises en évidence en laboratoire. Mais, petit à petit, on a découvert leur rôle dans le cœur des étoiles et jusqu'aux confins de l'univers! C'est, en effet, par les interactions fortes qu'on rend compte du débit d'énergie des étoiles; les interactions faibles se révèlent au centre du Soleil où elles sont responsables de la production des neutrinos. Enfin, on le sait maintenant, c'est l'effet conjugué des interactions fortes et faibles qui est à la base de la production primordiale des éléments légers (hydrogène, hélium) tels qu'on les trouve partout dans l'univers.

Comment n'être pas émerveillé de cette prodigieuse unité du monde physique! Comment ne pas souscrire à l'ambition grandiose des physiciens qui veulent procéder à la grande unification des quatre forces de la nature?

Faut-il dire que cette unité « désenchante » le monde par excès d'uniformité? Pas du tout, car elle n'est pas incompatible, au contraire, avec la prodigieuse diversité des formes et des objets qui constituent l'univers. A s'en tenir aux seuls objets astronomiques, celle-ci défie déjà l'imagination. L'unité des lois physiques n'empêche pas, par le jeu des différences entre les paramètres (époque de formation, masse des étoiles, rotation, multiplicité), la manifestation de différences telles qu'on peut dire qu'il n'existe ni deux galaxies, ni même deux étoiles identiques. Quand on sait que dans notre seule galaxie il existe 100 milliards d'étoiles...

RECHERCHE FONDAMENTALE

D'importants progrès en astrophysique stellaire et galactique ont été réalisés, comme on vient de le voir, grâce aux mesures effectuées dans l'espace : infrarouge, domaine des rayons X et des rayons gamma. Or, il est bien connu que le développement de lanceurs de plus en plus puissants, plaçant dans l'espace des satellites de plus en plus lourds, de plus en plus sophistiqués, est lié aux besoins militaires, qu'il s'agisse de la surveillance des territoires par des satellites espions ou de la préparation de nouvelles modalités de dissuasion ou d'affrontement, comme en témoignent les études préliminaires à l'Initiative de défense stratégique (IDS ou « guerre des étoiles »).

Faut-il en conclure que le développement de l'astrophysique se trouve désormais à ce point lié à des objectifs militaires que son objectivité scientifique doive être mise en doute ? Faut-il, parce que les programmes spatiaux qui lui permettent de progresser dans la connaissance sont largement financés par des budgets militaires, voir dans cette discipline un auxiliaire, sinon une servante, de l'art de la guerre, et donc, dans les conditions actuelles, une menace pour la civilisation ? Y a-t-il vraiment lieu de parler de « militarisation de la recherche » et d'accuser les astrophysiciens de s'être fait les complices, naïfs ou cyniques, de programmes commandés par des raisons fort peu scientifiques risquant d'anéantir la planète ?

Ces questions ont été fréquemment posées, ces critiques faites et ces attaques portées, souvent avec une extrême virulence, depuis une vingtaine d'années. Elles me paraissent reposer sur une série de très profonds malentendus.

Le premier porte à l'évidence sur le rôle des instruments dans la recherche. Il est parfaitement exact que nombre d'entre eux ont été mis au point et rapidement perfectionnés pour répondre à des besoins militaires. Outre les satellites, on peut penser au radar, pendant la Seconde Guerre mondiale, et aux progrès de la photométrie. Mais ces instruments font-ils « corps » avec l'astrophysique, au point d'y importer, d'y imposer la trace de leurs objectifs initiaux ? De toute évidence, non. Ils sont susceptibles de nombreuses applications ; la physique et l'astronomie n'en sont que des bénéficiaires parmi d'autres, en fonction de leurs préoccupations théoriques propres.

Parce que l'avion Concorde a pu être utilisé pour observer une éclipse solaire, dira-t-on de ce supersonique qu'il est un instrument de l'astrophysique ? En tirera-t-on des conclusions du même type sur le rapport de cette discipline avec l'industrie aéronautique ? Ce serait si manifestement absurde que personne n'y a jamais songé. Le cas est pourtant, quant au fond, semblable.

D'une façon générale, les progrès de l'observation en astrophysique tirent profit de développements technologiques qui ont leur histoire et leur logique propres. L'utilisation de ces instruments pour l'astronomie a été, et reste, marginale. Qu'on songe aux satellites artificiels et au temps qu'il a fallu attendre après le lancement du premier Spoutnik en 1957 pour qu'on place des instruments d'observation à bord des satellites!

Quant à la logique de l'utilisation de ces instruments, loin d'être dictée ou même infléchie, voire infestée, par celle des programmes qui ont inspiré leur mise au point, elle n'a jamais été autre que celle de la recherche en astrophysique même. Le choix des sujets, la décision d'effectuer telles observations pour mettre à l'épreuve telle hypothèse, relève exclusivement de cette recherche et de ses impératifs.

Le deuxième malentendu repose sur une confusion pernicieuse entre la recherche et les utilisations sociales de ses résultats : applications industrielles, militaires, et autres. Les questions que posent ces usages sont très graves. Mais on ne saurait les résoudre qu'en les tenant pour ce qu'elles sont : non des questions scientifiques, mais des questions politiques. Et rien n'est plus grave que d'imaginer que ces applications, quelles qu'elles soient, découleraient, par une manière de fatalité, de la recherche fondamentale elle-même, qu'elles y seraient, en quelque sorte, en germe. Car c'est alors masquer le moment et les motifs du choix, donc de la responsabilité, de celui ou de ceux qui décident; c'est du même coup passer sous silence la question la plus redoutable qui se pose aujourd'hui, en ces matières, aux démocraties : comment donner aux citoyens les moyens de comprendre les tenants et les aboutissants des décisions à prendre ? Comment leur permettre d'y participer activement par l'examen public et contradictoire des termes du choix ?

De la même façon, en ce qui concerne les budgets, le financement, n'est-il pas évident que des recherches qui exigent des investissements énormes sont dépendants des budgets alloués, donc des instances qui les répartissent ? Assurément ; et c'est là aussi une grave question. Encore faut-il bien la poser. Il ne s'agit pas de morale : ce n'est pas parce que les budgets d'une recherche sont, par exemple, de provenance militaire que la recherche elle-même s'en trouve « contaminée ». En revanche, on peut légitimement redouter que les grands programmes n'absorbent tout, et que la recherche libre, par petits groupes, celle qui en physique a souvent été la plus féconde, ne soit par trop sacrifiée. Mais comment examiner cette question avec tout le sérieux qu'elle mérite si l'on accable la « science » de critiques qui l'identifient purement et simplement aux conséquences technologiques de ses grands programmes ?

On comprendra que je me sois alarmé dans un ouvrage récent, *La Science menacée* (Odile Jacob, 1989), de l'attitude d'un grand nombre d'intellectuels et de beaucoup d'hommes politiques face à la science. Oui : la science est menacée, par leur ignorance de sa réalité, par les confusions qui sont entretenues sur les finalités et les démarches de la recherche fondamentale, par les profits que tirent certaines puissances économiques, financières et idéologiques de l'exploitation de cette ignorance et de ces confusions. Pour compléter cette vision catastrophique, il faut ajouter cette autre confusion entre le savoir d'un scientifique et son action comme citoyen. Si, dans ce dernier rôle, il a une responsabilité plus grande que d'autres, il s'agit néanmoins d'une affaire politique dans laquelle sont engagés l'individu et les pouvoirs qui l'utilisent. Au bout du compte, ce qui est en cause, ce n'est pas la science, ni le savoir scientifique, mais l'exercice d'un contrôle démocratique sur les pouvoirs et les systèmes de décision. L'affaire est trop grave pour que je n'y revienne pas en accentuant le contraste entre ce qu'on dit de la science et la réalité des conquêtes intellectuelles qui vient d'être retracée.

Le problème est, au sens le plus large et le plus noble du terme, un problème politique : il touche à l'éducation, à la culture, et aux modes de décision dans nos sociétés.

Comment d'abord ne pas s'indigner devant la façon dont sont enseignées les sciences? Car ce qui est gommé, refoulé, irrémédiablement inaccessible aux élèves et aux étudiants, c'est précisément cet élan intellectuel, cette pensée ardente qui est au cœur de la recherche scientifique et dont l'astrophysique donne une illustration singulièrement exaltante! L'enseignement actuel ne leur donne aucun moyen d'accès aux questions que nous venons d'exposer dans leur brûlante actualité. Et cela vaut aussi bien pour les études universitaires que pour d'autres ordres d'enseignement.

Dès le collège, le mal est fait : au lieu de faire comprendre aux élèves la nature de la démarche scientifique, au lieu de restituer l'histoire des problèmes avec lesquels la pensée s'est trouvée aux prises, on donne aux élèves des formules à apprendre et à réciter. Ces formules paraissent littéralement tombées du ciel, elles sont présentées et, le plus souvent, enseignées sur un mode dogmatique. Après quoi, en bonne scolastique, on juge de la « valeur » d'un élève en mettant à l'épreuve sa simple mémoire! A ce jeu-là, la science ne peut plus apparaître comme un exercice de la pensée, d'une pensée exigeante et audacieuse; elle devient un instrument de soumission intellectuelle. Que cette soumission soit porteuse de réussite scolaire n'arrange rien, au contraire. On conçoit que les professeurs de sciences physiques s'indignent de l'insuffisance des moyens mis à la disposition des collèges pour faire comprendre ce qu'est une science expérimentale et par là même la façon dont une formule représente une réalité.

Comment de surcroît ne pas s'étonner que l'enseignement scientifique soit tout entier conçu et mis en œuvre, quel que soit le public auquel il s'adresse, pour conduire aux plus hauts diplômes scientifiques. Manuel après manuel, année après année, on enfile les formules selon un processus d'accumulation dont le terme est fixé par la somme globale de celles qu'est supposé connaître un chercheur de haut niveau. Mais combien d'élèves et d'étudiants se sont fixés pour objectif de devenir ce chercheur? Et que dire de l'enseignement des sciences dans les sections littéraires où l'on ne sert aux élèves que des morceaux détachés de cette dogmatique?

La situation s'améliore-t-elle dans l'enseignement supérieur? Certes non, mais pour d'autres raisons, car le système universitaire français, étant historiquement fondé sur les besoins de l'enseignement, a subi au cours des vingt dernières années une panne de recrutement qui met son avenir en cause. L'effort des enseignants pour faire de la recherche est compromis par d'excessives tâches de service.

Ces remarques qui valent particulièrement pour la France ne sont pas, je le crois, sans pertinence pour d'autres pays, même parmi ceux qu'on est enclin à prendre comme modèle comme les États-Unis.

Si l'on ajoute à cette carence, le rôle que les médias jouent dans l'élaboration et la transmission de la culture de nos jours, on voit le tableau s'assombrir encore. Car les médias n'ont en matière scientifique qu'un seul et même registre : celui du spectaculaire. Il leur faut des événements, que l'on crée éventuellement de toutes pièces, et des événements affectivement chargés. Voilà qui les conduit, alternativement, à diaboliser la science ou à encenser ses résultats, sans plus d'esprit critique. L'astrophysique et la cosmologie sont, de ce point de vue, particulièrement choyées puisque les questions auxquelles elles touchent parlent à l'imagination. Mais qui oserait prétendre que les nombreuses émissions télévisées qui lui ont été consacrées, pour ne parler que d'elles, ont réellement contribué depuis vingt ans à faire comprendre au plus grand nombre le contenu des recherches, leur démarche effective.

Le comble est atteint lorsqu'un ouvrage ne fait la « une » qu'en raison de l'infirmité affichée de son auteur et du fait qu'il place plusieurs fois le mot « Dieu » au milieu de ses équations !

L'éducation et la culture ayant fait leur œuvre, on ne s'étonnera pas de voir de bons esprits partager avec la masse une conception de la science qui fait l'impasse sur la recherche fondamentale. Cette recherche se trouve purement et simplement assimilée par eux à la technologie. Laquelle est objet de vénération pour les uns qui en attendent la solution de tous les problèmes sociaux, voire psychologiques ; objet de toutes les craintes pour les autres qui lui attribuent toutes les tragédies dont nos sociétés sont accablées : l'utilisation militaire de l'énergie nucléaire, la dévastation écologique de la planète, l'appauvrissement du tiers monde...

Dans une telle situation, les hommes politiques, les « décideurs », qui sont soumis aux mêmes préjugés que les autres hommes, calculent leurs intérêts. Comme ces calculs se traduisent immédiatement en répartitions budgétaires, l'affaire est très sérieuse parce que les choix effectués peuvent peser très lourd sur l'avenir de la recherche.

Deux traits de la recherche fondamentale, particulièrement manifestes dans le cas de l'astrophysique, doivent être gardés en mémoire : cette recherche qui vise au progrès de la connaissance opère à long terme, incertaine de ses résultats jusqu'au moment où elle les a obtenus, parfois par surprise ; elle comporte donc un irréductible élément d'aléatoire ; elle requiert aujourd'hui des investissements extrêmement lourds : un grand télescope, pour ne pas parler d'un accélérateur de particules ou d'une expédition spatiale, coûte aisément un milliard de francs, et l'équipement informatique des laboratoires français nécessite des centaines de millions de francs.

Lorsqu'il faut choisir, les politiques ont une tendance irrépressible à raisonner non à long terme, comme il le faudrait en ces matières, mais à court ou moyen terme; par ailleurs, ils privilégient les recherches dont ils croient pouvoir retirer un avantage quelconque, programmable, que cet avantage soit économique, militaire ou de simple prestige. Que l'on pense, pour ne prendre qu'un exemple qui touche à notre domaine de recherche, à la très fameuse Initiative de défense stratégique décidée par Ronald Reagan en 1983. J'ai déjà eu l'occasion de montrer le caractère éminemment pernicieux de cette décision. J'ai en particulier analysé en détail les difficultés techniques d'un projet idéologiquement mystificateur et scientifiquement mal maîtrisé; j'insiste ici sur le fait que le coût total du projet est estimé à 10 000 milliards de dollars! Comment ne pas en conclure qu'il aura une influence sur l'orientation des recherches, et, par un phénomène de cascade bien connu, sur le recrutement et la formation des chercheurs? On dira qu'un tel projet est susceptible de « tirer » la recherche fondamentale par attribution de crédits inespérés à certains de ses domaines. Mais c'est pure illusion comme l'ont montré Hans Bethe, Garwin, Carl Sagan et Victor Weisskopf qui furent à l'origine du serment, signé par des milliers de scientifiques américains, de ne jamais travailler pour l'IDS.

LE RETOUR DE DIEU?

Ainsi méconnue, la recherche fondamentale, qui est l'âme même de la science, se trouve éminemment vulnérable. Ses résultats sont susceptibles de servir la première idéologie venue. On le voit bien, pour y revenir une dernière fois, avec la question de l'expansion de l'univers.

Quoi qu'on en dise, cette idée, telle que les astrophysiciens l'ont patiemment élaborée pour rendre compte des données de l'observation qu'ils amassaient depuis le début de ce siècle, ne ressuscite pas la vieille, l'antique notion d'origine ; elle ne parle même pas aujourd'hui du commencement de l'univers. Pourquoi dès lors succomber, comme c'est le cas de tant de penseurs et même d'astrophysiciens réputés, à l'immémoriale tentation cosmogonique? S'empresser de poser la question de l'origine, et de décrire une nouvelle genèse, c'est pour la pensée tomber dans un piège, s'engager dans un dispositif d'argumentation où elle s'empêtre depuis des millénaires ; c'est prendre la fuite devant une difficulté sans doute attachée à l'esprit humain par un lien de nature, celle de penser l'infini. Vouloir, à tout prix, assigner une origine à l'univers, c'est désirer, à tout prix, en finir avec les tourments que n'a cessé de nous infliger l'infini. On sait que les plus grandes pensées sont celles qui n'ont pas ainsi refusé l'affrontement.

Que la notion d'origine, et les angoisses qu'elle porte quant au destin de l'homme, soient légitimes dans l'ordre philosophique, c'est peut-être le cas, bien qu'il n'ait pas manqué de philosophes, et parmi les plus grands, pour en récuser les termes et dénoncer la pente religieuse comme une voie vers la soumission intellectuelle. Mais l'imposture commence lorsqu'on appelle l'astrophysique à la rescousse, lorsqu'on prétend que telle ou telle interprétation « dernier cri » des faits expérimentaux permet enfin de mettre la main sur l'origine comme scientifiquement établie ; plus grave encore, lorsqu'on donne pour « faits » ce qui n'est qu'interprétation ou conjecture.

Tout ce qu'on est en droit de dire sur le passé de l'univers, j'ai tenté de l'exprimer simplement dans ce petit ouvrage. On a, je le répète, observé un rayonnement résiduel d'une époque où l'univers était homogène et très chaud. Dans cet univers brûlant, les réactions ont donné des températures extrêmes. Nous comprenons aujourd'hui l'univers à partir du moment où il a refroidi pour atteindre 100 000 milliards de milliards de degrés Kelvin. Et si l'on veut « traduire » cette température en termes de temps, on dira que c'est une fraction de 10^{-43} s après ce que, dans l'état actuel des connaissances, on fixe comme le début de ce processus.

Que s'est-il passé avant ? Il faut le dire : personne n'en sait rien. Chacun parle du « big bang » et croit qu'il s'agit d'un événement « historique » que la science aurait « découvert ». Et l'on décrit ce prétendu événement comme une gigantesque explosion qui aurait projeté de la matière dans l'espace. Mais c'est parler pour ne rien dire car le big bang, si big bang il y a, s'est produit à un moment où il n'y avait encore ni matière ni espace au sens où notre physique l'entend. Voilà d'ailleurs pourquoi, sur le big bang, notre physique est muette ; voilà pourquoi ce n'est qu'une hypothèse. Tout ce qu'on peut dire, c'est que cette dernière nous est provisoirement, sinon imposée, du moins fortement suggérée par l'état du savoir pour rendre compte du point où il s'arrête.

Comme on l'a vu aussi, il existe pour expliquer la formation et la distribution des galaxies des modélisations audacieuses et ingénieuses. L'une d'elles parle de particules extraordinaires qui se seraient réunies pour former des lieux d'attraction gravitationnelle. On a aussi parlé de supercordes. Mais il faut remarquer que les deux phénomènes ne peuvent être situés qu'à 10^{-35} s, et donc ne pas tout confondre. Surtout, il ne faut jamais oublier qu'il ne s'agit pas non plus de « faits » établis, mais de scénarios inventés loin de pouvoir être soumis au contrôle des observations. Des scénarios d'appréhension de l'univers. Et pour l'avenir de la recherche, il est à tout le moins prudent de ne pas prendre une hypothèse ou un scénario pour un fait si l'on veut se réserver des voies alternatives. On sait d'expérience de quels arrêts de pensée une telle confusion peut être la cause.

Malheureusement, lorsqu'il s'agit d'un processus qui touche aux confins de l'univers, beaucoup de forces, fort peu rationnelles, viennent peser sur la pensée des scientifiques et interférer avec elle. On voit ainsi ressurgir, sous le nom pompeux de « principe anthropique », des arguments finalistes qui reviennent à attribuer l'ordre de l'univers à un dessein divin.

L'essentiel de l'argumentation repose sur une

analyse des quatre forces de la nature. Il aurait suffi, de toute évidence, que les constantes fondamentales qui déterminent la valeur de ces forces aient été très légèrement différentes pour rendre impossible l'apparition de la vie, puis de l'être intelligent qu'est l'homme. Par exemple, si les interactions fortes étaient moins intenses, la combustion de l'hydrogène ne pourrait se produire dans les étoiles, seule la contraction gravitationnelle serait la source d'un rayonnement de brève durée, et la production d'éléments lourds serait impossible. De même, une constante de la gravitation plus forte donnerait un mode d'évolution des étoiles incompatible avec les contraintes de l'apparition de la vie. Le « principe anthropique », énoncé en 1974 par B. Carter, de l'Observatoire de Meudon, affirme que les constantes fondamentales ont la valeur qu'elles ont parce qu'elles ont permis l'apparition de l'homme. Franck Dyson, du célèbre Institute for Advanced Studies de Princeton est encore plus radical lorsqu'il écrit que « l'harmonie remarquable entre la structure de l'univers et les besoins de la vie et de l'intelligence est une manifestation de l'importance de l'esprit dans l'ordre des jours ».

Ce type de discours qui mènent tous à Dieu est aujourd'hui monnaie courante; la « création » divine aurait consisté à choisir les constantes fondamentales de façon à provoquer l'apparition de l'homme!

Ces arguments sont aussi éternels que l'angoisse inhérente à la condition humaine; ils nous renvoient à une époque qu'on aurait pu croire révolue où la religion cherchait dans l'ordre du monde des preuves pour renforcer l'autorité des Écritures. Et ce n'est pas parce que d'éminents scientifiques les reprennent à leur compte et sous leur plume qu'ils sont moins religieux, moins extérieurs, moins contraires à l'effort de la pensée scientifique.

Espérons que les Églises, ayant tiré les leçons de l'affaire Galilée puis de celle de Darwin, auront compris que la foi, en définitive, a plus à redouter qu'à espérer lorsqu'elle se mêle de science. Quant aux scientifiques, si certains peuvent être pour des raisons personnelles portés à la mystique, dans leur grande majorité, ils savent faire le partage. On peut enfin souhaiter, ce qui est peut-être aujourd'hui le plus difficile, que les chercheurs sachent résister au puissant appel des médias lorsqu'ils leur demandent d'entrer dans un jeu de mystification où la science a tout à perdre et qui témoigne, par ailleurs, d'un profond mépris à l'égard des citoyens en hypothéquant le plus précieux de leur bien, la liberté de penser.

Les citoyens ont certes le droit de rêver, c'est même à mes yeux l'un des attraits majeurs de l'astrophysique que de relancer sans cesse le rêve sur des voies escarpées; mais ils ont aussi le droit de savoir, et de savoir d'abord où finit le savoir et où commence le rêve!

BIBLIOGRAPHIE

AUDOUZE J., *Aujourd'hui l'Univers,* Belfond, 1989.

COHEN-TANNOUDJI G. et SPIRO M., *La Matière Espace-Temps,* Fayard, 1986.

HOYLÉ, F., *Astronomy and Cosmology. A Modern Course.* W.H. Freeman & Co., San Francisco, 1975.

KOYRÉ Al, *Du monde clos à l'univers infini,* Hopkins Press., Baltimore, 1957, trad. française, Gallimard, 1973.

PECKER J.-Cl., (ouvrage collectif sous la direction de) *Astronomie Flammarion,* Flammarion, 1985.

REEVES H., *L'Heure de s'enivrer,* Le Seuil, 1986.

SCHATZMAN E., *Les Enfants d'Uranie,* Le Seuil, 1986; *La Science menacée,* Odile Jacob, 1989.

SCHNEIDER J., (ouvrage collectif sous la direction de) *Aux confins de l'Univers,* Fayard-Fondation Diderot, 1987.

WEINBERG S., *Les Trois Premières Minutes de l'Univers,* Le Seuil, 1979.

TABLE DES MATIÈRES